内蒙古多伦诺尔古建筑群规划与保护研究

朱宇华　著

学苑出版社

图书在版编目（CIP）数据

内蒙古多伦诺尔古建筑群规划与保护研究 / 朱宇华著 . —北京：学苑出版社，2023.2

ISBN 978-7-5077-6604-2

Ⅰ . ①内… Ⅱ . ①朱… Ⅲ . ①古建筑 – 文物保护 – 研究 – 多伦县 Ⅳ . ① TU-87

中国国家版本馆 CIP 数据核字（2023）第 058014 号

出 版 人：洪文雄
责任编辑：魏 桦 周 鼎
出版发行：学苑出版社
社 址：北京市丰台区南方庄2号院1号楼
邮政编码：100079
网 址：www.book001.com
电子信箱：xueyuanpress@163.com
联系电话：010-67601101（营销部）、010-67603091（总编室）
经 销：全国新华书店
印 刷 厂：廊坊市印艺阁数字科技有限公司
开本尺寸：889×1194 1/16
印 张：19
字 数：232千字
版 次：2023年2月第1版
印 次：2023年2月第1次印刷
定 价：480.00元

前 言

　　清康熙三十年（1691年），清廷召集漠南蒙古48旗札萨克及漠北喀尔喀蒙古土谢图汗部、札萨克图汗部、车臣汗部于多伦诺尔会盟。会盟由康熙帝亲自主持，宴赏各部，并依照漠南蒙古的规制对喀尔喀各部编设盟旗，标志着漠北喀尔喀三部正式并入清朝版图。多伦会盟在中国民族史上具有重大意义，不仅笼络了蒙古各部，使之不再成为边患势力，而且使蒙古成为清帝国在北部疆域的不设防的屏藩。

　　于是多伦诺尔成为清朝中央管理蒙古事务的重镇之一，是蒙古政教合一的统治中心。随之内外蒙古的各部信众齐聚于此，多伦诺尔的政治与宗教地位达到鼎盛。不仅内外蒙古民众的聚集朝拜，来自山东、山西等内地商人也大量涌入，使多伦诺尔成为重要的汉蒙商贸重镇。多伦诺尔"因庙而兴"，"因商成镇"，日趋繁华，形成"南北长四里，东西广二里"的货物交易市场和居民区。至康熙四十九年（1710年），多伦古城区已形成包括新盛、福盛、义合、富善、永乐、太平、仁和、承恩、棋盘、永盛、永安、兴隆、惠安等为名称的13条街道，全镇南北长4里，东西广2里，周长12里，编13甲。取汉名为"兴化镇"，多伦诺尔古镇也因此有"漠南商埠"之称。

　　多伦诺尔清代古建筑群位于内蒙古自治区锡林郭勒旗多伦县城多伦淖尔镇的会馆前街，是多伦古城的重要建筑遗产。总占地面积20280平方米，总建筑面积4211平方米。该建筑群包括山西会馆、佛殿、娘娘庙（碧霞宫）、城隍庙、南清真寺、北清真寺、中清真寺、西清真寺及清代商号共9个建筑组群，分布在椭圆形7平方千米的多伦旧城区内。建筑年代为清康熙五十五年（1716年）至清光绪时期。建筑群形制以内地风格为主，兼有蒙古族地域特点。

　　2006年5月，多伦诺尔古建筑群作为清代的古建筑，被国务院批准列入第六批全国重点文物保护单位名单。

2010 年 9 月，清华大学建筑设计研究院文化遗产保护所工作人员对多伦诺尔古建筑群的现状进行了调查，按照国家文物局编制办法制定了总体保护规划，为当地政府持续开展遗产保护管理以及开发旅游提供法定依据。2011 年，规划成果顺利通过主管部门审核。

本书整理了多伦诺尔古建筑群保护规划研究及规划策略的技术文件。希望能给热爱遗产保护的同行和读者以案例参考。由于项目完成时间已过去较长时间，编校过程也较仓促，书中难免有语焉不详、言之未尽之处，敬请读者指正。

目录

研究篇

评估篇

规划篇

研究篇

第一章　历史沿革

诺尔古建筑群位于内蒙古自治区锡林郭勒旗多伦县城多伦淖尔镇会馆前街。

古街区府前路南，前牛市街、马市、东盛街、兴隆巷一带清代建筑古色古香。兴隆巷的裕和永铜铺原是清代多伦四大铜铺之一，专营铸造铜佛，四合院有房40余间，现存临街向东铺面，占地80平方米，面阔三间，砖木结构，卷棚硬山顶，券拱形门窗。

聚兴昌铺原为山西艾、常二姓老板旅蒙在多伦的最大的商号，原四合院有房30余间，现存临街向西铺面，占地65平方米，面阔三间，亦为砖木结构，砖券拱形门窗，饰有雕花。

附近多伦照相馆旧址原是镇集内的八大商号之一，临街向西，占地104平方米，二层楼阁式建筑，硬山瓦顶，底层面阔五间，带前檐廊。

街区内山西会馆又称伏魔宫，是清乾隆十年（1745年）山西客商集资建成。坐北朝南，占地5200平方米。现存房屋百余间，建筑面积1500平方米，有牌楼、山门、戏楼、二进门、过殿、正殿、钟鼓楼、长廊等。T字形戏楼，前台后堂式建筑。1933年，吉鸿昌将军曾在戏楼前召开抗日救亡万人大会。

诺尔寺庙古建筑主要有马市，东盛街的二道、翔凤、太平三街巷的清真北、中、南寺。其平面呈"中"字形。佛殿街兴隆寺建于清雍正十二年（1734年），占地面积1316平方米。多伦诺尔街以北的汇宗寺、善因寺分别俗称为东大仓、西仓，均建于清初。其中汇宗寺现存殿宇房舍1500余间，主殿为二层楼阁式，重檐歇山顶，砖木结构建筑。

2006年5月，诺尔古建筑群作为清代的古建筑，被国务院批准列入第六批全国重点文物保护单位名单。

第一节 多伦诺尔历史

一、多伦诺尔历史

多伦诺尔，蒙古语，意指七个湖泊（又称七星泊）。其地湖泊遍布，地貌多姿，风光秀丽，并有滦河（闪电河）环流，周围峰峦重叠，形势险峻，为兵家必争的咽喉要地。有史以来，多伦诺尔一直是中原农耕文明与北方游牧文明相冲突和融合的最前沿。

（一）多伦诺尔的政治军事地位

战国年间，燕国始修长城，此长城经过多伦淖尔镇的南邻——大北沟镇境内。秦代，亦以燕长城作为疆界并在原址整修长城。金代，女真族入主中原后，同样以燕秦长城为基础修筑金界壕以抵御北方游牧部落的侵袭。清人称，多伦诺尔是孤悬于独石口外的交通要冲，具有防卫京畿安危的重要政治军事地位。

蒙哥汗元年（1251年），蒙古大汗蒙哥即位，遣忽必烈总掌漠南军事。忽必烈从哈拉和林（今蒙古国境内前杭爱省西北角）南下，驻扎在与多伦诺尔一山之隔的金莲川（今属多伦县西邻正蓝旗），蒙哥汗六年（1256年）筑城开平府，多伦诺尔成为开平的郊畿之地。中统元年（1260年），忽必烈称汗，在开平登基。元至元元年（1264年），忽必烈营建大都，升开平府为上都。其后始行两都巡幸之制，上都为夏都，每年4月至9月，元帝多在上都处理政务。在多伦县蔡木山乡境内，保留有元上都的避暑行宫（东凉亭）遗址。

明洪武二年（1369年）六月，明将常遇春、李文忠兵入上都，设开平卫。八月，于多伦诺尔置开平左屯卫。宣德年间，原置开平卫南撤至独石口，多伦诺尔一带再次成为蒙古族部众的游牧地。

17世纪后期，漠北喀尔喀蒙古三部内部矛盾突出，局势动荡，而漠西（今新疆）厄鲁特蒙古准噶尔部势力强盛。康熙二十七年（1688年），准噶尔部首领噶尔丹率兵入侵喀尔喀地区。哲布尊丹巴活佛率喀尔喀部众南移避难，并请求清廷出兵驱逐噶尔丹。康熙帝先将喀尔喀部众安置在漠南蒙古边境，然后调集重兵，分三路对推进到内蒙古地区的噶尔丹军队进行征讨。康熙二十九年（1690年），康熙帝亲率大军，迎击深入漠南乌兰布通地区的噶尔丹军，取得重大胜利，噶尔丹退往漠北。

（二）清代康熙"多伦诺尔会盟"初步发展

康熙三十年（1691年），清廷召集漠南蒙古48旗札萨克（蒙古语，执政官），以及漠北喀尔喀蒙古土谢图汗部、札萨克图汗部、车臣汗部于多伦诺尔会盟。会盟由康熙帝亲自主持，宴赏各部，并依照漠南蒙古的规制对喀尔喀各部编设盟旗，标志着漠北喀尔喀三部正式并入清朝版图。多伦会盟在中国民族史上具有重大意义，不仅笼络了蒙古封建主使之不再成为边患势力，而且使蒙古成为清帝国在北部疆域的不设防的屏藩。

在多伦会盟期间，内外蒙古王公提议"建寺以彰盛典"，为尊重蒙古人信仰藏传佛教的传统，康熙帝"从诸部所请，即其地建庙"，敕令在滦河上游"川源平衍，水泉清溢"的多伦会盟处，兴建规模宏大、金碧辉煌的寺庙。康熙五十二年（1713年），寺庙建成后，康熙帝赐名"汇宗寺"，并竖立汉白玉石碑，用满蒙汉藏文字记载了建寺缘起。汇宗寺建正殿、东西配殿、天王殿、藏经楼、官仓、活佛仓等，大殿顶部覆以蓝色琉璃瓦，故称为"蓝庙"。当时清廷令蒙古各旗"居一僧以住持"，从此，多伦诺尔成为漠南蒙古所敬仰的佛教圣地。

（三）清代雍正至乾隆年间达到鼎盛

雍正五年（1727年），雍正帝敕令，在汇宗寺西南侧另建善因寺（新庙）。雍正九年（1731年），善因寺建成，建筑规模比汇宗寺更为壮观宏丽，除建有正殿、配殿、释迦佛殿、喇嘛印务处外，还建有雍正行宫。大殿顶覆以黄色琉璃瓦（又称黄庙），并有雍正帝亲赐匾额及碑文。汇宗寺与善因寺"新旧两庙，巍然对峙，真边境之伟观"。

清廷延请章嘉活佛住持汇宗、善因两寺，并册封其为"灌顶普善广慈大国师"，使之成为与前藏达赖、后藏班禅、外蒙古哲布尊丹巴齐名的藏传佛教领袖，统掌漠南蒙古、京师、直隶、五台山等地的宗教事务，协助清政府处理蒙藏事务。此时，多伦诺尔成为内蒙古政教合一的统治中心。雍正十年至乾隆六年（1732—1741年），外蒙古哲布尊丹巴活佛为避兵乱入住多伦诺尔善因寺，内外蒙古的各部信众齐聚于此，多伦诺尔的政治与宗教地位达到鼎盛。

内外蒙古民众的聚集朝拜，以寺庙和蒙古人为交易对象的内地商人的大量涌入，使多伦诺尔流动和定居人口剧增，渐成集镇。先是朝廷为鼓励内地商人至此地经商而给予优惠政策，有京城的"鼎恒升""大利""聚长城""庆德正"等八大商家奉旨由理藩院封官授顶戴，发"龙票"来多伦诺尔建分号设铺面做生意，八大商家铺面相连，形成"钟楼巷"。之后，因多伦诺尔经商投资少，利润大，内地晋、冀、鲁等地的商人亦蜂拥而至，这些商人除做铺面生意外，兼出草地（集市），开展蒙旗贸易，而开旅蒙商之先河。多伦诺尔"因庙而兴"，"因商成镇"，日趋繁华。康熙四十年（1701年），在汇宗寺之南的额尔腾河（汉称鸳鸯河，今称小河子河）对岸已形成"南北长四里，东西广二里"的货物交易市场和居民区。至康熙四十九年（1710年），城区已形成包括新盛、福盛、义合、富善、永乐、太平、仁和、承恩、棋盘、永盛、永安、永盛、惠安等为名称的12条街道，全镇南北长4里，东西广2里，周长12里，编13甲。取名为"兴化镇"，俗称"买卖营子"。

雍正至咸丰年间，商业街有山西、京师、直隶、山东等地汉回商号4000余家，商民和各种手工业人口达17万之多，各种金银铜匠和制造民族、宗教用品的作坊五六百家，金银首饰、铜佛、宗教法器、毛皮加工等产品销路甚广，为从事蒙古贸易的商人所青睐。大成玉阿尤希、海桑岱等铜匠铺的铜佛像及其法器，远销西藏、青海和外蒙古。多伦诺尔的牲畜、毛皮交易量巨大，每年有七八万匹马、四五万头牛、四五十万只羊销往口内。多伦诺尔有"漠南商埠"之称，史料记载，清朝政府在多伦设立税务机关，光绪八九年时，尽管商贸业开始出现衰态，但皮毛、牲畜两项交易税年收入仍有四五十万两，盐关税收二十四五万两，另征地方杂税四五十万两，总额超过归化城（呼和浩特市）和包头两地总和。

多伦诺尔商业兴盛，富甲一方，随之，各种民间祠庙相继建设。乾隆十年（1745年），山西商铺、钱庄、票号合资建设"山西会馆"，其建筑结构复杂，布局独特。一进三匝的四合套院，占地面积5000余平方米。会馆的中央大戏台，舞台只用两根红楠木粗柱支撑，这种建筑形式在国内仅存2座。雍正至咸丰年间，多伦诺尔还建设了三官庙（直隶会馆）、兴隆寺、碧霞宫（娘娘庙）、城隍庙等建筑。城中还有中亚伊斯兰或中原风格的五座清真寺。现存的清真北寺有浙江提督郑魁士题写的"福佑一真"匾额，是伊斯兰教徒的活动中心。

（四）清末民国时的毁坏与衰落

清末，政府对蒙古宗教事务的支持力度下降，财政补贴大幅减少，寺庙破败，多伦的宗教地位明显下降，驻僧陆续流失，由鼎盛时期的三四千人下降至1000人。民国年间，历经民国十六年（1927年）的奉系军阀、民国二十二年（1933年）的日伪军队和民国三十四年（1945年）的苏蒙联军三次洗劫，汇宗寺、善因寺的建筑与文物损失惨重。1945 年苏蒙联军放火焚毁汇宗寺大殿，闻名塞外的历史名寺遭到彻底毁灭，汇宗寺最后一位活佛丹珠尔瓦亦逃离多伦。清末民初，缘于中东铁路修成，贸易经商路线改变；外蒙古独立，商道中断；军阀混战，兵燹匪患频仍，商家受损，人口锐减，多伦诺尔的商业也迅速衰落，日趋萧条，失去了昔日繁荣景象。

民国二十二年（1933 年）5 月，日军侵占多伦。冯玉祥等成立"察哈尔民众抗日同盟军"并于 6 月派遣吉鸿昌率部收复多伦。多伦诺尔成为在抗日战争中收复的第一座县城。多伦之收复，在当年成为鼓舞人民士气、坚定抵御日军侵略信念的重要事件。

（五）新中国成立后的恢复与保护

20 世纪六七十年代，多伦诺尔寺庙及城内残存的古建筑遭到了破坏，1971 年，善因寺大殿被拆毁。

20 世纪 80 年代，多伦县的文物建筑陆续得到保护。

1981 年，着手修缮城内清真寺，恢复穆斯林宗教活动。

1987 年，公布汇宗寺、善因寺、山西会馆、兴隆寺、四座清真寺、碧霞宫、城隍庙、清代商号院落等 11 处文物古迹为多伦县重点文物保护单位。

1999 年，多伦县粮食局从汇宗寺章嘉仓迁出，章嘉仓及其东侧的主庙残存建筑陆续修缮，并于 2005 年举行开光大典，恢复宗教活动。

2001 年和 2006 年，汇宗寺和多伦诺尔古建筑群分别被列入第五、第六批全国重点文物保护单位。

二、多伦诺尔历史沿革

20 个世纪下半叶，在多伦县大河口乡、大仓乡等地陆续发现石器时代古人类活动遗址，表明多伦县境早在 1 万年前即有人类在此生息繁衍。

商周时代，多伦属于鬼方之域。

东周时期属东胡。

战国后期，燕昭王五十二年（前 260 年），燕将秦开破东胡，燕筑长城，此地为燕国与东胡的交界地带，自造阳（今河北省赤城县以北）至襄平（今辽宁省辽阳市），置上谷、渔阳、右北平、辽西、辽东郡以拒东胡。燕长城从今多伦县境通过。

秦统一六国后，县境长城以北（含多伦淖尔镇）属东胡，长城以南分属秦上谷、渔阳两郡。

西汉时，县境内南部属上谷、渔阳郡外，其余地域初为匈奴冒顿单于左贤王领地，后为乌桓管。

汉武帝年间，以骠骑将军霍去病率军击走匈奴，迁乌桓居塞外，多伦属之。

东汉时，先属乌桓，后属鲜卑。

三国西晋时期属鲜卑。

北魏年间，多伦为怀荒、御夷之地。

北齐属燕州北境；亦曾是北齐与突厥势力的争夺地。

隋唐五代时期先后属库莫奚和契丹。

辽属中京北安州。

金属西京路桓州。

蒙古蒙哥汗元年（1251年），忽必烈总掌漠南军事。忽必烈从哈拉和林南下，驻金莲川（今属正蓝旗）。

蒙哥汗六年（1256年），在金莲川筑城，名开平府，多伦属之。元至元三年（1266年），升开平府为上都，多伦属上都路开平县。

明洪武二年（1369年）六月，明将常遇春、李文忠兵入上都，设开平卫。八月，于多伦诺尔置开平左屯卫。宣德五年（1430年），开平卫驻所南移独石堡，开平卫废弃，明军"弃地三百里"，多伦地境渐为蒙古游牧地。

清代设置口北三厅，在多伦县设多伦淖尔宣抚理事厅，城内人口曾达17万。

清康熙十四年（1675年），蒙古察哈尔部从辽东迁至宣化、大同以北地区，置八旗，多伦为察哈尔正白、镶白、正蓝旗的驻牧地。

康熙二十九年（1690年），清军在乌兰布通击败漠西准格尔部噶尔丹的进犯，翌年五月，康熙帝亲赴多伦诺尔，"七溪会阅"内外蒙古诸部，并"从诸部所请，即其地建庙"，先后建"汇宗""善因"两大喇嘛教寺院，委派喇嘛教四大领袖之一的章嘉活佛住寺"俾掌黄教"，而使多伦诺尔成为漠南藏传佛教中心。多伦诺尔"因庙而兴"，渐成集镇，商贾会聚，日趋繁华。

康熙四十九年（1710年），在汇宗寺南侧的民、商聚集地置兴化镇，人口编十三甲。

雍正十年（1732年），设立多伦诺尔宣抚理事厅，光绪七年（1881年），改为多伦诺尔抚民厅。

民国二年（1913年），废多伦诺尔抚民厅，始置多伦县（二等县）。

民国三年（1914年），设察哈尔特别行政区。

民国十七年（1928年），改为察哈尔省，多伦县均属之。

民国二十二年（1933年）5月，日伪军侵占多伦，并成立伪县公署。7月，吉鸿昌将军率察哈尔民众同盟军收复被日寇占领多伦古城，使多伦成为中国在全面抗战中收复的第一城。

民国二十四年（1935年），在多伦诺尔成立"察东特别行政区长官公署"。

民国二十八年（1939年），伪"蒙疆联合自治政府"成立，多伦为其所统治。

民国三十一年（1942年），取消汇宗、善因两寺13家佛仓的沙毕纳尔（寺庙属民）使之政教分离。原两寺统属的民众纳入新设的多伦诺尔旗。多伦诺尔旗建制于1947年撤销，其辖地划归正蓝、大右、明安三旗。

民国三十四年（1945年），日军投降，多伦光复，苏蒙联军进驻多伦，成立多伦诺尔苏维埃市，与多伦县、多伦诺尔旗同设于多伦诺尔。次年10月，国民党军队进驻县城，撤销市建制，在多伦诺尔设察哈尔省第一保安司令部行政督察专员公署、多伦县和多伦诺尔旗政府。

1948年4月23日，多伦解放，恢复多伦诺尔市，次年改为多伦县城关区。

中华人民共和国成立后，多伦县隶属察哈尔省。

1950年8月，多伦县划归内蒙古自治区，隶属察哈尔盟。

1956年7月，改多伦县城关区为城关镇。

1958年10月，锡林郭勒盟与察哈尔盟合并，多伦县隶属锡林郭勒盟。

1999年，改称多伦淖尔镇（亦称多伦诺尔）。

第二节　多伦诺尔古建筑群历史沿革

多伦诺尔古建筑群位于多伦县多伦淖尔镇。清康熙三十年（1691年），外蒙古三部归附清朝，康熙下诏令京城的鼎恒升、大利、聚长城等八大商号在多伦设立铺面，对蒙贸易正式开始。鼎盛时期在7平方千米的城区内，形成了4000家店铺，100多座庙、会馆。多伦淖尔镇现存多伦诺尔古建筑群总建筑面积4375平方米，包括山西会馆、娘娘庙、城隍庙、兴隆寺、清真中寺、清真西寺、清真南寺、清真北寺和清代商号宅院。

（一）山西会馆

山西会馆又称伏魔宫，位于旧城西南部。清代，多伦诺尔经济繁荣，商贾云集，以山西籍商人为数最多。为便于经济贸易活动，山西籍商人集资建山西会馆。山西会馆是山西籍商人结社、集会、议事和娱乐活动的场所，每逢农历五月十三（关公磨刀日）为山西籍商人及各大商号集会议事之日，并唱戏庆贺，上演剧种以晋剧（山西梆子）为主，其次为河北梆子等多种传统剧种。时至今日，在大戏台演员化妆室的墙壁上，仍保留着清代中晚期至民国年间来此演出的各戏班留言、留名百余条。

乾隆十年（1745 年）始建，乾隆十四年（1749 年）竣工。

清乾隆三十九年（1774 年）、乾隆五十八年（1793 年）、道光二年（1822 年）、民国初年多次对山西会馆维修扩建，渐成规模。

民国二十二年（1933 年）7 月，爱国将领吉鸿昌收复多伦后，在山西会馆召集万人大会，号召民众团结抗日救国。

20 世纪六七十年代，山西会馆遭破坏，部分建筑被拆除。

1987 年，被确定为县级重点文物保护单位。

1989 年，被确定为锡林郭勒盟重点文保单位。

1995 年，被确定为内蒙古自治区重点文保单位。

2006 年，作为"多伦诺尔古建筑群"的首要的代表性建筑，被列入第六批全国重点文物保护单位。

2006 年起陆续对现存建筑进行了修缮。

（二）兴隆寺

兴隆寺俗名佛殿，位于旧城长盛街，建于清雍正十二年（1734 年），是北京延庆隆昌寺、河北怀来龙潭寺之下属寺院，由多伦商民募捐集资，龙潭寺老方丈主持筹建，属汉传佛教寺院。

兴隆寺在咸丰年间香火最盛，有和尚近百名。民国期间，寺院住持吸毒成瘾，渐次变卖庙产，至 1949 年，兴隆寺的建筑规模已大为削减。

20 世纪六七十年代，正殿和西偏殿被拆毁，现存山门、楼阁式配房、二过殿、东配殿（鲁班殿）、钟楼保存较完整。

1985 年，多伦县政府拨款进行维修。

1987 年，兴隆寺被确定为县级重点文物保护单位。

2006 年，作为"多伦诺尔古建筑群"之一被列入第六批全国重点文物保护单位。

（三）娘娘庙

娘娘庙位于旧城东盛大街中段，俗称碧霞宫，回族人称泰山庙，建于清乾隆四年（1739 年）。

娘娘庙（碧霞宫）在咸丰年间香火最盛，每年农历四月十八开办庙会，当时每天的香客可达数百名。

20 世纪六七十年代，牌楼、山门、钟鼓楼被拆除，现存正殿、南北配殿和耳房。

1987 年，娘娘庙被确定为县级重点文物保护单位。

2006 年，作为"多伦诺尔古建筑群"之一被列入第六批全国重点文物保护单位。

（四）城隍庙

城隍庙位于旧城城隍庙西段，建于乾隆二年（1737 年）。

城隍庙坐北朝南，建有山门、耳门、东西廊庑、钟鼓楼、正大殿、东西配殿、戏楼、牌楼、观戏楼和后宫等，均为汉式建筑风格。山门前的石磴上原有一对体似真狮大小的铜狮，制作精美，精美绝伦，乃是多伦诺尔铸铜工艺的生动展现。城隍庙内的各类彩绘，色彩华丽，画工细腻，具有很高的艺术价值。

20 世纪六七十年代，殿堂多数毁圮，现仅存东配殿 6 间、西配殿 6 间。

1987 年，城隍庙被确定为县级重点文物保护单位。

2006 年，作为"多伦诺尔古建筑群"之一被列入第六批全国重点文物保护单位。

（五）清真南寺

清真南寺位于旧城太平街，是多伦诺尔最早兴建的清真寺，清雍正五年（1727 年）始建，乾隆二十六年（1761 年）扩建。

原占地面积 2083 平方米，建筑面积 693 平方米，现仅存寺门、礼拜大殿和南北讲堂。

大殿坐西朝东，呈"中"字形，为三个单体勾连搭制式，后开间上原有六角亭顶。民国二十二年（1933 年），回族上层人士曾在此寺宴请吉鸿昌将军。

1987 年，被确定为县级重点文物保护单位。

1995 年，清真南寺大殿由回族群众捐资进行维修。

2006 年，作为"多伦诺尔古建筑群"之一被列入第六批全国重点文物保护单位。

（六）清真北寺

清真北寺（又称北大寺）位于旧城二道街。嘉庆三年（1798年）由来自宁夏甘肃牛羊行回商集资兴建，属伊斯兰古行教派。

北寺经以后多次扩建，成为多伦诺尔最大的清真寺，占地面积3483平方米，建筑面积1106平方米，主要建筑有礼拜殿（正大殿）、南北讲堂、大小浴室、对厅、寺门（山门）、井亭、后门等。

北大寺曾在穆斯林中有较大影响，内地许多清真大寺的著名阿訇曾先后在此寺任教长。

民国二十二年（1933年），吉鸿昌将军收复多伦后，曾在清真北寺短住。

1979年，多伦县水泥厂从北寺迁出，县伊斯兰协会接管该寺。

1987年，被确定为县级重点文物保护单位。

2006年，作为"多伦诺尔古建筑群"之一被列入第六批全国重点文物保护单位。

2007年，北寺再次进行维修。

（七）清真中寺

清真中寺位于旧城南翔风街（南墙缝），光绪三十四年（1908年）始建，民国十九年（1930年）扩建，属伊斯兰古行教派。

中寺占地面积1850平方米，建筑面积750平方米，建有寺门、影壁、北讲堂、浴室、配房、礼拜大殿等。

大殿坐西朝东，呈"中"字形，三重勾连搭制式。前抱厦三间卷棚歇山式，中硬山房五间，后为硬山式三间，为中国古典式建筑，殿内外彩绘为典型的阿拉伯艺术风格。

寺内现存光绪及民国年间一些名人、学士题赠的匾额。

1974年，当地穆斯林集资修缮清真中寺，现为回族群众进行宗教活动的主要场所。

1987年，被确定为县级重点文物保护单位。

2006年，作为"多伦诺尔古建筑群"之一被列入第六批全国重点文物保护单位。

（八）清真西寺

清真西寺位于旧城大西街，由宁夏甘肃骆驼脚行之回民捐资兴建，始建于光绪五年（1879年），属伊斯兰古行教派。

其占地面积2852平方米，建筑面积747平方米，主要建筑有寺门、对厅、浴室、南北讲堂、礼拜大殿等。礼拜大殿建筑风格为中国古典式，坐西朝东，建筑面积267平方米。大殿开间呈"中"字形，为三重勾连搭制式，前堂卷棚歇山三间，中硬山面阔五间，后有三间硬山式。整体建筑结构融入了中国古典式和阿拉伯式相结合的建筑风格。

20世纪六七十年代，寺门和南北讲堂被拆除。

1987年，被确定为县级重点文物保护单位。

2006年，作为"多伦诺尔古建筑群"之一被列入第六批全国重点文物保护单位。

（九）清代商号

清代商号又称商会，位于旧城区兴隆街南端，始建于光绪三十年（1904年），该商号为山西籍旅蒙商聚兴昌的宅院。

多伦诺尔商埠形成后，山西和河北两地商人占多数，并分别成立各自的商社（会馆）。由于两社商人在商品经营中经常发生纠纷，多伦诺尔抚民同知衙署在此地设商公所，负责协调管理两社，裁决两社纠纷。由过街厅、门卫、议事厅、办公室、勤杂室等组成，占地面积800平方米，现为民居。

民国八年（1919年），商公所改为商务会，负责调解店铺诉讼、矫正经营弊端，筹办公益事业，维护市面治安。山西、河北籍商人分别出任正副董事长，下设各行业公会，并组建保商团以保护旅蒙商车队。

聚兴昌在民国初年由于动乱开始衰落，商会职能大为削弱。

民国二十二年（1933年）10月以后，侵华日军占据该院落，汉奸头目李守信在此会晤德王及日本关东军东条英机、土肥原贤二等人。后为李守信的重要部下尹宝山的府邸。

中华人民共和国成立后曾为多伦县党校教室。

1954年，改为多伦县工商联合会。

1987年，被确定为县级重点文物保护单位。

2006年，作为"多伦诺尔古建筑群"之一被列入第六批全国重点文物保护单位。

第二章 区域资源概况

第一节 自然资源

一、区域概况

（一）区位

多伦县位于内蒙古自治区中部、锡林郭勒盟东南端，阴山北麓，小兴安岭余脉，燕山山脉末端，东经 115°51′~116°54′，北纬 41°46′~42°36′。县域东与河北省围场县接壤，南与河北丰宁、沽源两县交界，西与正蓝旗为邻，北与赤峰市克什克腾县毗连。县境南北长约 110 千米，东西宽约 70 千米，行政区总面积 3773 平方千米。多伦县是内蒙古自治区距北京最近的旗县，公路里程 359 千米，直线距离 180 千米。也是连接东北与华北地区的交通枢纽之一。多伦诺尔距北京公路里程 360 千米，距承德、赤峰、张家口、锡林浩特均在 280 千米左右。多伦诺尔陆路交通便捷，贯穿全境的南北大通道北与省际通道相连，南与张承高速公路接通，处于以省道 308 线和京伦大道、多克公路为"十字"形骨架所构建的"三纵三横"的公路网络上。此外，还有途经多伦诺尔的桑虎（桑根达来至虎什哈）铁路。

（二）行政管区

内蒙古自治区锡林郭勒盟现辖 9 旗、2 市、1 县、1 区、34 镇、21 苏木、3 乡、10 办事处、555 嘎查、275 村民委员会、155 社区居民委员会。其中：2 市（锡林浩特市、二连浩特市）、9 旗（阿巴嘎旗、苏尼特左旗、苏尼特右旗、东乌珠穆沁旗、西乌珠穆沁旗、太仆寺旗、镶黄旗、正镶白旗、正蓝旗）、1 县（多伦县）、1 开发区（乌拉盖开发区），面积：20.3 万平方千米。

多伦县辖两乡两镇，即多伦淖尔镇、大北沟镇和大河口乡、蔡木山乡，多伦县人民政府驻多伦淖尔镇。人口 10.47 万人，其中，农业人口 6.8 万人。全县总面积 3773 平方千米。多伦县人口以汉族为多，少数民族主要有蒙古、回、满、藏、朝鲜、锡伯和达斡尔 7 个民族。

2007 年，多伦诺尔镇居住人口约 4.6 万人。由于煤化工等大型工业项目的建设，城市人口集聚加速，近年来人口机械增长十分明显。

二、地理概况

多伦县土地总面积 3773 平方千米（566 万亩），其中耕地面积 118 万亩，草场 211 万亩。全县境内属栗钙土区，有土类 7 个，亚类 14 个，土属 29 个，土种 59 个。

多伦县地处锡林郭勒草原南端，浑善达克沙地南缘，阴山北麓东端与大兴安岭西南余脉交会处，独特的气候条件、典型的农牧交错地带、复杂的地质结构，形成了特殊多样的自然风貌。

多伦县地处内蒙古高原的南缘，阴山山脉的北坡，地势四周高耸，中间低缓，并围绕多伦诺尔有一条环状河谷（滦河河谷，被称为多伦环）。县域山地海拔 1150 ~ 1800 米，县城海拔 1250 ~ 1300 米。全县的地貌形态可分为 6 类，即基岩低山丘陵区、山间沟谷、坡状高平原、山前倾斜平原、河谷平原、风积沙丘。其中平原、丘陵、沙丘分别占县域面积的 20% ~ 30%。

土壤类型主要是栗钙土、风沙土、草甸土，成土母质多以风积沙、冲积沙为主。

三、水文概况

多伦境内有常年性河流 47 条，大小湖泊 62 个，有亚洲唯一幸存下来的天然原始榆树林，有沙漠中的地下森林。

多伦水资源丰富，是海河流域滦河水系的源头和滦河上游主要水源的涵养地，供水量占引滦入津总供水量的 1/6。境内有常年性河流 47 条，季节性河流 11 条，均汇入滦河，有大小湖泊 62 个，水域总面积 16.2 万亩，地表水多年平均径流量 1.343 亿立方米，地下水储量 3.73 亿立方米，水能蕴藏量 1.4 万千瓦。

四、气候、灾害概况

多伦县地处内蒙古中部，属于中温带大陆性季风气候，年平均气温 16 摄氏度，无霜期平均 95 ~ 100 天，平均降水量 385 毫米。

多伦县属于东部季风区中温带，大陆性气候显著。冬季严寒而漫长，春季干旱多大风，夏季凉爽多雨，秋凉霜雪早，光照充足。年平均气温 2.4 摄氏度，最冷月（一月）平均气温 –18.3 摄氏度，极端最低气温 –39.8 摄氏度（1954 年 12 月 29 日），最热月（七月）平均气温 18.7 摄氏度，极端最高气温 35.4 摄氏度（1955 年 7 月 23 日）。年平均降水量 387.0 毫米，平均蒸发量 1654.8 毫米，平均日照率 69%，平均相对湿度为 62%。全年主导风向西北西风，夏季南风，年平均风速 3.7 米 / 秒，17.0 米 / 秒以上大风日数平均为 67.3 天，最大风速 24.0 米 / 秒（1982 年 5 月 5 日）。

世纪之交，华北地区连续出现沙尘暴天气，城乡生态环境面临严峻挑战，在北部地区大规模治理沙漠化，开展生态建设，被列为国家最为重要的议事日程之一。多伦县是距首都最近的沙漠——浑善达克沙地的所在地区，理所当然成为政府以及民间团体关注的焦点。2000 年 5 月，朱镕基总理在多伦视察，提出"治沙止漠，刻不容缓，绿色屏障，势在必建"的指示，使多伦成为北疆草原大规模开展生态建设的发端地。来自北京、天津、河北、内蒙古的大批志愿者在多伦植树植草，防沙固沙，成效斐然。

五、交通概况

公路交通比较发达，境内有国、省、县、乡级公路 6 条，距张家口、承德、赤峰、锡林浩特等中等城市的公路运输均在 270 千米左右。班车直通张家口、宝昌、正蓝旗、锡林浩特、围场、沽源、丰宁、承德、赤峰等 8 个旗县市。特别是多（伦）、丰（宁）西线公路 1996 年竣工后，缩短了北京到多伦的距离，总里程 359 千米，成为内蒙古大草原距北京最近的县。

六、经济发展

农牧业是多伦的传统产业，为适应生态建设的形势需要，农牧业生产正向高产、优质、高效方向迈进，实现从粗放型向集约型转变。有耕地 110 万亩，待开发的川滩地 30 万亩，其中年播种面积 80 万亩，以种植小麦、莜麦、胡麻、油菜籽、马铃薯、杂豆、荞麦、甘蓝、芹菜等农作物为主。有天然草牧场 413 万亩，加上星罗棋布的湖泊和纵横交错的河流，为发展牧业提供了理想的条件。

目前，多伦县正处在由农牧业经济为主向工业型经济过渡时期。工业企业 39 个，以农机、建材、酿酒、采矿、印刷、畜产品加工等为主。年产 9 万吨煤矿的建成，填补了锡林郭勒盟南部五旗县煤炭生产的空白；华北电网至多伦县输变电工程的竣工使用，结束了多伦县主要用柴油发电的历史。

七、环境概况

多伦诺尔古建筑群位于多伦诺尔古镇旧城区，九处文物建筑自然分散式分布在椭圆形的旧城区内，旧城区内大部分主要传统道路格局仍为原有格局，周边以商业、办公、住宅用地为主，古城区大部分建筑均为 20 世纪七八十年代前后内陆续新建居民住宅，大部分建筑风貌与文物保护单位文物建筑风貌不协调；建筑包括普通住宅楼、平房，建筑均为现代化建筑，部分建筑破旧不堪，与文物保护单位建筑风貌相差甚远；多伦诺尔古建筑群周边环境状况总体较杂乱，与多伦诺尔古建筑群的历史风貌不相协调。

第二节　人文资源

一、文物资源

多伦县历史文化遗产丰富，文物古迹甚多，是内蒙古自治区历史遗迹最为集中的地区之一。全县分布有自新石器时期至民国年间的古遗址、古建筑、古墓葬等文物古迹 59 处，其中国家级文物保护单位 10 处，自治区级文物保护单位 4 处，县级文物保护单位 5 处。

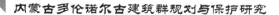

二、旅游资源

多伦具有蒙汉文化交融的民俗特点。主要民俗文化有蒙汉结合的民间歌舞、关帝庙祭祀活动、察哈尔婚礼演出等。主要节庆及活动有每年六月十五旅游节（庙会），那达慕大会的博克、赛马、射箭；正月十五弄花灯，耍龙灯、踩高跷、舞青狮、跑旱船等。

第三章 文物遗存现状

第一节 古建筑群基本状况

多伦诺尔清代古建筑群，总占地面积 20280 平方米，总建筑面积 4375 平方米。分布在椭圆形数平方千米的多伦旧城区内，该建筑群包括山西会馆、兴隆寺佛殿、娘娘庙（碧霞宫）、城隍庙、清真南寺、清真北寺、清真中寺、清真西寺及清代商号共 9 个建筑组群。建筑年代为清康熙五十五年（1716 年）至清光绪时期，建筑群形制以内地风格为主，兼有蒙古族地域特点。

第二节 主要建筑遗存

一、山西会馆

山西会馆位于多伦县旧城内西南，会馆建筑群坐北朝南，是一座平面长方形的院落，由四进院落组成，占地面积 4736 平方米，现存建筑面积 1266 平方米。

现存布局有四进院落：一进院落为山门、东西耳门、东西倒座和下宿；二进院为戏楼、钟鼓楼和过殿；三进院为议事厅、东西长廊、西跨院西厢房；四进院为关帝庙、关帝庙东西耳房、东西配殿。山西会馆保存基本完整，中轴线建筑木牌楼、仪门腰墙角门、东西跨院建筑已无存。

山西会馆建筑群设计精湛，匠心独具，楼台厅廊舍殿错落有致，梁栋厢椽牙柱上无不绘有以三国故事为主兼有山水花卉、禽兽的精美彩色图案，整体建筑呈现典型的黄河文化建筑艺术风格。

现存主要建筑描述：

山门：山门为五檩大式硬山布瓦顶，面宽三间，两侧有耳房相连。西侧有角门。

戏楼：戏楼坐南朝北，高约10米，前台由两根大红明柱子支撑，楼基为长方形大石条砌筑，呈"凸"字形，面宽五间，前台卷棚歇山式抱厦，后堂两配式，屋顶主悬山配硬山，梁头作兽形木刻；每年农历五月十三在戏楼开台唱戏。

过殿（仪门）：面宽五间，五檩前檐廊后檐出歇山抱厦。

议事厅：硬山布瓦顶，面宽五间，五檩前檐廊后檐出悬山卷棚抱厦。内有会议厅三间，小戏台一座，画像殿六间，是山西各大商号议事的场所。

关帝庙（正殿）：勾连搭结构，面阔五间，前厢三间，殿内塑关公、周仓、关平塑像，三尊塑像堪称清代民间雕塑艺术的上乘之作。殿内梁柱彩绘均为清代所绘。硬山布瓦顶，面宽五间，两侧有耳房各一间。

东配殿：硬山布瓦硬山顶，面宽五间，内墙壁现存为清代彩绘，多为三国故事中有关关羽一生的业绩，十分珍贵。

二、兴隆寺（佛殿）

兴隆寺俗名佛殿，位于多伦县城长盛街，建于清雍正十二年（1734年）。是北京延庆隆昌寺、河北怀来龙潭寺的下属寺院，是汉传佛教寺院，属于家庙系列。兴隆寺原由山门、东西配楼、天王殿、东西配房、钟鼓楼、大殿、药王殿、鲁班殿、东西配殿组成。

兴隆寺坐北朝南，四合院式布局，砖木结构。现存仅山门及东西两侧配楼，钟楼及东配房，天王殿。占地面积580平方米，建筑面积385平方米。

兴隆寺建筑群斗拱飞檐，雕梁画栋，色彩艳丽，设计精巧，布局紧凑，是典型的汉式建筑，其建筑制式以及雕刻彩绘均具有很高的艺术价值。

现存主要建筑描述：

山门：面宽三间，进深一间，五檩小式硬山布瓦顶，前檐台阶已毁，明间装修保存完好，东西次间仅开六角窗，后檐明间为后世封堵，东西次间开圆形盲窗。

东配楼：山门东侧一座二层配楼，配楼面宽二间，小式硬山卷棚布瓦顶。

西配楼：山门东侧一座二层配楼，配楼面宽二间，小式硬山卷棚布瓦顶。

东配房：面宽三间，进深三间，小式硬山卷棚布瓦顶。

钟鼓楼：坐东朝西，平面正方形，歇山布瓦顶二层楼阁建筑，下层青砖砌筑，东面开券门，二层歇山木构运用顺扒梁法，斗拱为一斗二升交麻叶。柱间以木板封堵。

天王殿：面宽三间，进深两间，五架插梁对前后单步梁，后檐金柱不落地。出前后廊，大式硬山布瓦顶。仅柱头用斗拱，为单翘重拱，翘后尾为随梁枋。装修为后世改建。黄琉璃瓦覆顶，内中供如来佛塑像，左供观音、文殊、普贤三位菩萨，右奉天、地、人三皇，东西列十八罗汉。正殿前有东西偏殿各一间，东供鲁班，西供药王。

三、娘娘庙（碧霞宫）

娘娘庙俗称碧霞宫，又称泰山庙，建于清乾隆四年（1739年），位于多伦县城东盛大街中段。原由木牌楼、山门、钟鼓楼、正殿、配殿、戏楼等组成，为京城富商捐资所建。娘娘庙原占地1250平方米，有大殿4间、偏殿2间、配殿6间、钟鼓楼各1座，其他厢房6间。院中方石铺地，有古柳、古杨各一株，枝繁叶茂。

娘娘庙坐西朝东，占地888平方米，建筑面积356平方米，现仅存正殿和两侧耳房及南北配殿。

原建有牌楼，形式精巧，别具一格，双重檐歇山式木质结构，四柱三间，以青筒板瓦覆顶，如意斗拱承托，飞檐各挂风铃，牌楼底檐下正中悬挂"碧霞宫"匾。正殿为砖木结构，底座由长方形条石砌成，前抱厦为卷棚歇山形式，南北二面皆为窗隔。大殿供奉云霄、碧霄、琼霄三娘娘。

碧霞宫建筑布局紧凑，高低错落，门窗、柱檐等部位均施彩绘，是多伦诺尔古建筑的代表性建筑之一。

现存主要建筑描述：

正殿：平面"凸"字形，为硬山前出歇山卷棚顶抱厦，抱厦斗拱为三踩单翘，左右两侧各有一间硬山顶小耳房。殿内壁画已毁，彩画保存尚好。

南配殿：面宽三间，进深一间，五檩小式前檐廊硬山布瓦顶。

北配殿：面宽三间，进深一间，五檩小式前檐廊硬山布瓦顶。

南配房：在南配殿西侧一面宽两间的配房，配房面宽两间，进深一间，五檩小式卷棚布瓦顶。

北配房：在北配殿西侧一面宽两间的配房，配房面宽两间，进深一间，五檩小式卷棚布瓦顶。

四、城隍庙

城隍庙位于多伦县城旧城区城隍庙街西段，建于清乾隆二年（1737 年），坐北朝南，原有大殿等建筑，20 世纪六七十年代毁坏严重，现仅存东西配殿和东西厢房。占地面积 858 平方米，建筑面积为 201 平方米。

现存主要建筑描述：

东西配殿为五檩前檐廊硬山布瓦顶，面宽三间，进深一间。前檐部分经改造以现代门窗封堵，原装修已无。

五、清真南寺

清真南寺始建于清代雍正五年（1727 年），乾隆二十六年（1761 年）扩建，是多伦最早的清真寺建筑，由抓毛行回族商人莫天明、马桂芳发起修建。清真南寺占地面积 1900 平方米，建筑面积 516 平方米。现仅存礼拜殿（正大殿）及南北讲堂（配房）。

礼拜殿为勾连搭进深三间，面宽前三后五间，抱厦为卷棚歇山布瓦顶，后殿为硬山布瓦顶建筑。

南北配房（讲堂）为面宽五间、进深一间的硬山布瓦顶建筑。

六、清真北寺

清真北寺是多伦保存的清真寺中最为完整的一座，始建于清代乾隆三十六年（1771 年），嘉庆三年（1798 年）扩建，是多伦城内最大的一座清真寺。现存有大门、礼拜殿、邦克楼、南北配房。占地面积 2910 平方米，建筑面积 575 平方米。

现存主要建筑描述：

山门：为一面宽三间、进深两间的前硬山后出歇山抱厦的布瓦顶建筑，现存基本完好。

礼拜殿（正大殿）：为勾连搭后带邦克楼，三间歇山布瓦顶抱厦作为礼拜殿的入口，但装修已被改为钢门窗，殿内面宽五间，进深两间，前面为卷棚歇山布瓦顶，后面为尖山硬山布瓦顶。大殿高十余米，坐落在石台基上，为旧城五座清真寺中最为豪华的建筑。

邦克楼（窑殿）：邦克楼紧接礼拜殿后檐墙体，面宽、进深均为一间的重檐四方亭式建筑。屋顶形式为重檐盝顶式的布瓦顶，梁架保存基本完好，但因年久失修，瓦顶、装修及二层楼板等有轻微破损。

南讲堂（南配房）：为面宽五间、进深一间的硬山布瓦顶建筑，南配房装修已改为现代钢窗，梁架墙体保存较好。

北讲堂（北配房）：为面宽五间、进深一间的硬山布瓦顶建筑，后坡及后檐墙均已坍塌，亟待修缮。

七、清真中寺

清真中寺始建于清代光绪三十四年（1908 年），1989 年由回族群众集资进行保护性维修。现存面积 1756 平方米，建筑面积为 208 平方米。现仅存礼拜殿建筑。

现存主要建筑描述：

礼拜殿为前出三间歇山抱厦，后面为面宽五间进深两间的硬山顶礼拜殿。抱厦装修已改为现代装修。

北讲堂、淋浴室为民国时期增建的各六间砖木结构建筑，现建筑为红砖墙体，现代双坡屋顶，装修形制为现代，目前仍为清真寺穆斯林作为宿舍与淋浴室使用。

八、清真西寺

清真西寺始建于清光绪五年（1879 年），由来自宁夏、甘肃两地的驼行（回族）捐资兴建，为中国古典建筑风格。现存仅有礼拜殿。现占地面积 1138 平方米，建筑面积为 220 平方米。

现存主要建筑描述：

礼拜殿：坐西朝东，为两卷一殿勾连搭式建筑，前出歇山抱厦，面宽三间，1995

年回族群众捐资对正大殿进行了加固性维修。

九、清代商号

清代商号始建于清朝嘉庆年间，该商号为山西籍旅蒙商聚兴昌的宅院，后作商会。新中国成立后曾为多伦县党校教室。清代商号宅院为嘉庆年间兴建的商号宅院，三进院落，南北走向，均有东西配房，共有房屋33间。占地面积为3196平方米，建筑面积为485平方米。

现存有三座单体建筑，均为硬山布瓦顶，装修改动较大。前院正房3间、南房5间、后院正房5间、配房17间。

第三节　多伦诺尔传统文化习俗

多伦诺尔是中原与蒙古高原交往的纽带，在蒙古草原背景下形成了蒙汉交融的文化特征与传统习俗。

清代，汇宗寺的三大法会，是多伦诺尔最为盛大的节日，宗教、商业和文体活动将多伦诺尔的气氛烘托得极为热烈。目前，尽管汇宗寺的大型法会早已停办，但每逢农历六月十五（以前为萨嘎尔法会的会期，是多伦诺尔最具传统的法会）前后，多伦县城仍将举办为期十天的"交流大会"，以商业零售、文艺演出和娱乐游艺为主要内容。多伦县城万人空巷，各乡各镇的居民亦齐聚于此，整个会场，人头攒动，热闹非凡。此外，蒙古族传统的那达慕大会也是多伦诺尔的传统节庆。

多伦诺尔的手工艺十分发达，旧时以铸铜工艺、金银器、皮毛、毛毡、马鞍、糕点等为主，其中铸铜工艺久负盛名。多伦诺尔现存并且具有活力的主要手工业包括玛瑙制品、蒙古族装饰品工艺、鞍具制作等。

旧时多伦诺尔的戏剧演出活动频繁而热烈，目前虽然大不如前，但河北梆子、山西梆子等传统剧种仍然生活于古镇居民中间。民间的文艺形式多与河北山西等地相同，高跷、旱船、小车子、龙灯、耍狮、二鬼摔跤等是主要的表演形式。

绘画、灯笼、纸扎、刺绣、剪纸是多伦诺尔的传统民间艺术，目前，纸扎在古镇内较为少见，其余传统艺术仍有着良好的传承。

多伦诺尔古建筑群遗存表

编号	名称	俗名别称	位置	建造年代	何人修建	原占地／建筑面积	原有建筑	现有建筑	备注
1	山西会馆	伏魔宫	多伦县城内西南	清乾隆十年至乾隆十四年（1745—1749年）	山西籍商人集资筹建。	占地面积5200平方米；建筑面积1184平方米。	中轴线上原建有牌楼、山门、戏楼、过厅（仪门）、议事厅（过厅）、关帝庙（大殿），关帝庙前院两边建有东西配殿，过事厅前院建有腰墙与外院相隔，过殿两侧有钟、鼓楼。	有四进院落：一进院落为山门，东西耳门，东西倒座和下宿；二进院为戏楼、钟鼓楼和过厅；三进院为议事厅，东西长廊、西跨院西厢房；四进院为关帝庙，关帝庙东西耳房、东西配殿。	会馆
2	兴隆寺	佛殿	多伦县城长盛街	清雍正十二年（1734年）	北京延庆县隆昌寺、河北怀来龙潭寺的下属寺院。	占地面积1740平方米。	原由山门、配楼、天王殿，东西配殿房、大殿、药王殿，东西配殿殿组成。	山门及东西两侧配楼、钟鼓楼及东配房、天王殿（过殿）。	汉专佛教寺院
3	娘娘庙	碧霞宫／泰山庙	多伦县城东盛大街中段	清乾隆四年（1739年）	京城富商捐资所建。	占地面积600平方米。	原由大牌楼、山门、钟鼓楼、正殿、配殿、戏楼等组成。	现仅存正殿和两侧耳房及两侧配殿。	民间寺庙
4	城隍庙	—	多伦县城城隍庙街西段	清乾隆二年（1737年）	不详。	占地面积920平方米。	原有大殿、东西配殿和东西厢房等建筑。	现仅存东西配殿和东西厢房。	民间寺庙
5	清真南寺	—	多伦县城太平街	清雍正五年（1727年），乾隆二十六年（1761年），三十年（1765年）扩建	由抓毛毛行回族商人莫天明，马桂芳发起捐资修建。	占地面积2083平方米；建筑面积693平方米。	不详。	现仅存大殿（礼拜殿）及南北配房（讲堂）。	伊斯兰教寺院

续 表

编号	名称	俗名别称	位置	建造年代	何人修建	原占地/建筑面积	原有建筑	现有建筑	备注
6	清真北寺	—	多伦县城二道街	清乾隆三十六年（1771年），嘉庆三年（1798年）扩建	由来自宁夏、甘肃的牛羊行回族人捐资兴建	占地面积3483平方米；建筑面积1106平方米	不详。	现存有大门、礼拜殿、邦克楼、南北配房。	伊斯兰教寺院
7	清真中寺	—	多伦县城南墙缝街	清光绪三十四年（1908年）	由王国福、闪云发起捐资始建；民国十九年至二十四年（1930—1935年）穆清民何兴周，从殿清扩建。	占地面积920平方米；建筑面积700平方米	不详。	现汉存礼拜殿、北讲堂、淋浴室。	伊斯兰教寺院
8	清真西寺	—	多伦县城大西街	清光绪五年（1879年）	由来自宁夏、甘肃驼行回族捐资兴建	占地面积2852平方米；建筑面积750平方米	不详。	现存仅有礼拜殿。	伊斯兰教寺院
9	清代商号	聚兴昌宅院	多伦县城财神庙街	清嘉庆年间（1796—1820年）	该商号为山西籍旅蒙商聚兴昌的宅院。	不详。	三进院落，南北走向，共有房屋33间。	现存有三座单体建筑。	商会

多伦诺尔的饮食习惯兼有蒙汉两地的特点，各种奶茶、乳制品和肉制品，喇嘛庙提浆月饼、盘果（一种面食）、蒸莜面、熏鸡等传统食品颇具特色。其中提浆月饼在清代即有盛名，成为款待、馈赠、祝寿的常备之物，甚至常作为女子出嫁时的陪嫁物，以示祝福。

评估篇

第一章　文物价值评估

第一节　文物构成与价值评估内容

一、文物构成

1. 文物本体：多伦县淖尔镇现有保存完好的清代多伦诺尔古建筑群，包括山西会馆、娘娘庙、城隍庙、兴隆寺、清真中寺、清真西寺、清真南寺、清真北寺和清代商号的建筑及其历史院落与格局。

2. 空间格局：多伦县淖尔镇九处古建筑群分布的空间格局；古建筑群的历史院落和古建筑及遗迹之间的空间关系。

3. 历史环境：与多伦诺尔古建筑群价值相关的历史环境。

二、文物价值评估

根据《中国文物古迹保护准则》8.2条，文物价值评估的主要内容有：

8-2-1条　文物古迹历史的、艺术的和科学的价值，包括：

1. 现状的价值。

2. 经过有效的保护，公开展示其对社会产生的积极作用的价值。

3. 其他尚未被认识的价值。

8-2-2条　通过合理的利用可能产生的社会效益和经济效益。

8-2-3条　本项文物古迹在构成所在历史文化地区中的地位，和在当地社区中特殊的社会功能。

第二节　历史价值评估

一、评估标准

根据《关于〈中国文物古迹保护准则〉若干重要问题的阐述》（以下简称《准则阐述》）2-3-1 条，文物古迹的历史价值主要表现在以下方面：

1. 由于某种重要的历史原因而建造，并真实地反映了这种历史实际。

2. 在其中发生过重要事件或有重要人物曾经在其中活动，并能真实地显示出这些事件和人物活动的历史环境。

3. 体现了某一历史时期的物质生产、生活方式、思想观念、风俗习惯和社会风尚。

4. 可以证实、订正、补充文献记载的史实。

5. 在现有的历史遗存中，其年代和类型独特珍稀，或在同一类型中具有代表性。

6. 能够展现文物古迹自身的发展变化。

二、历史价值评估

根据上述评估标准，具体评估如下。

多伦诺尔古建筑群历史价值评估表

评估要点	价值载体／说明					
	自然环境	历史人文环境	空间格局	文物建筑	文物院落	附属文物
	▲	■	▲	■	▲	－
《准则阐述》2-3-1 条①	清康熙二十九年（1690 年），清军击败蒙古准噶尔部噶尔丹的进犯，取得征讨噶尔丹的胜利。翌年五月，为了融洽内外蒙古与中央的关系，加强和巩固朝廷对蒙古地区的统治，康熙亲赴多伦诺尔与蒙古各部会盟，赐建喇嘛教寺院汇宗寺。鼓励内地商人至多伦诺尔经商并给予优惠政策，大量旅蒙商人蜂拥而至，兴建房屋建筑。多伦诺尔古建筑群建成距今已有 200 多年历史，历史悠久，为研究内蒙古多伦城市发展史、建筑史提供了重要的历史价值。多伦清代古建筑群是我国北方保存的规模最大最为完整的清代建筑群落，是研究旅蒙商起源、发展和衰落的最好的实物载体，具有极大的典型意义。					

续 表

评估要点	价值载体 / 说明					
《准则阐述》 2-3-1 条②	自然环境	历史人文环境	空间格局	文物建筑	文物院落	附属文物
	▲	■	▲	■	■	－
	1933 年，著名爱国将领吉鸿昌将军率抗日同盟军收复多伦后，曾在山西会馆大戏台发表万人抗日演讲，宣传抗日主张活动。山西会馆见证了多伦地区的抗战、抗日战争的历史，真实地反映了中华民族反抗侵略的各种历史事件和人物活动的历史环境。 清真北寺曾是多伦穆斯林的最重要的宗教活动场所。也是多伦穆斯林抗击日寇，反对霸权主义的斗争场所。 1933 年，蒙奸李守信在多伦诺尔会晤德王，谋划伪政。与 1937 年，东条英机的指挥所设于多伦诺尔，并发动对察哈尔的全面入侵。均发生在聚兴昌宅院，这里的建筑物是对两起事件的最好见证。					
《准则阐述》 2-3-1 条③	自然环境	历史人文环境	空间格局	文物建筑	文物院落	附属文物
	▲	■	■	■	▲	—
	多伦诺尔古建筑群体现了清代时期多伦诺尔经济繁荣，也体现了清廷在蒙古地区融洽民族关系，加强统治地位，在中国边疆经济民族史上具有重要地位。 尽管这些建筑组群的规模和等级都不是很大，但从建筑形制到建筑风格都具有一定的地方特色，充分体现出内地农耕文明与北方游牧文明互相交融的特点，展示出旅蒙商之都的多元文化艺术内涵。 山西会馆在多伦犹如一个开放的窗口，对于蒙古族牧民了解内地的政治、经济、文化以及内地深入了解蒙古族社会起到了积极作用。					
《准则阐述》 2-3-1 条④	自然环境	历史人文环境	空间格局	文物建筑	文物院落	附属文物
	—	□	■	■	▲	■
	多伦诺尔古建筑群的历史变迁，是该地区政治、经济、文化和民族融合等历史变迁的集体体现，是地方史志的重要见证和载体。 多伦诺尔清代古建筑群是我国蒙古族地区保存的规模较大、较完整的清代建筑群落，分布较为集中，是研究和展示蒙古族地区旅蒙商起源、发展以及蒙古族地区清代主要城市的发展的实物载体，具有极高的研究价值。 清真北寺、山西会馆、清代商号等院落在抗日战争时期是相关重要军事革命活动的重要场所，对于研究内蒙古抗日战争史具有重要作用。 对于研究多伦县城历史、佛教及伊斯兰教的传播等都有一定的历史研究价值。					
《准则阐述》 2-3-1 条⑤	自然环境	历史人文环境	空间格局	文物建筑	文物院落	附属文物
	□	▲	▲	■	▲	－
	在现有的历史遗存中，清真寺建筑代表性地反映了阿拉伯建筑风格与中国北方古典式建筑艺术风格相结合的清代建筑特点。					
《准则阐述》 2-3-1 条⑥	自然环境	历史人文环境	空间格局	文物建筑	文物院落	附属文物
	—	▲	■	■	▲	▲
	多伦诺尔古建筑群自建成以来，经清代、民国，以及 20 世纪 50 年代初期，民国期间的战火及"文革"的破坏而存在，清晰地反映了该建筑群历史功能的变迁，以及所折射的该地区历史文化的重大变迁。					

评估等级：价值较高：■ 一般：▲ 较低：□ 无：—

三、历史价值评估结论

多伦诺尔古建筑群是在清政府"多伦会盟"之后，鼓励旅蒙商人贸易活动，大量旅蒙商人兴建房屋建筑而形成的多伦诺尔古建筑群；多伦诺尔古建筑群体现了清代多伦诺尔经济繁荣，也体现了清廷在蒙古地区融洽民族关系，加强统治地位，在中国边疆经济民族史上具有重要地位。

抗战时期吉鸿昌将军率察哈尔民众同盟军收复被日寇占领的多伦古城。

多伦诺尔古建筑群的历史变迁，是该地区政治、经济、文化和民族融合等历史变迁的集体体现，是地方史志的重要见证和载体。

尽管这些建筑组群的规模和等级都不是很大，但从建筑形制到建筑风格都具有一定的地方特色，充分体现出内地农耕文明与北方游牧文明互相交融的特点，展示出旅蒙商之都的多元文化艺术内涵。

第三节　艺术价值评估

一、评估标准

根据《关于〈中国文物古迹保护准则〉若干重要问题的阐述》2-3-2条，文物古迹的艺术价值主要表现在以下方面：

1.建筑艺术，包括空间构成、造型、装饰和形式美。

2.景观艺术，包括风景名胜中的人文景观、城市景观、园林景观，以及特殊风貌的遗址景观等。

3.附属于文物古迹的造型艺术品，包括雕刻、壁画、塑像，以及固定的装饰和陈设品等。

4.年代、类型、题材、形式、工艺独特的不可移动的造型艺术品。

5.上述各种艺术的创意构思和表现手法。

二、艺术价值评估

根据上述评估标准，具体评估如下。

多伦诺尔古建筑群艺术价值评估表

评估要点	价值载体 / 说明			
《中国文物古迹保护准则》2-3-2条	建筑形式	建筑空间	建筑装饰	院落空间
	■	▲	▲	■
	多伦诺尔清代古建筑群从建筑形式到建筑风格，充满了汉蒙古回的文化艺术魅力，充分体现出内地农耕文明与北方游牧文明互相交融的特点，展现出旅蒙商之都的多文化艺术内涵，具有很高的文化艺术研究价值。 多伦诺尔清代古建筑沿轴线排列，主次分明，对称式布局，建筑造型装饰等体现我国传统的古代建筑特色与营造建筑艺术的追求。 多伦诺尔清代古建筑群落斗拱飞檐，雕梁画栋，色彩艳丽，设计精巧，布局紧凑，对于研究草原地区的汉式建筑艺术具有较高的价值。			
《中国文物古迹保护准则》2-3-2条	人文景观	自然景观	院落景观	
	■	—	▲	
	多伦诺尔古建筑群所在的古镇周围树木林立，河流环绕，具有很高的景观艺术价值。			
《中国文物古迹保护准则》2-3-2条	石碑刻	石狮	木刻	装饰
	■	■	▲	□
	山西会馆、兴隆寺文物建筑内的壁画在色彩表现形式与手法上具有很高的艺术价值。			
《中国文物古迹保护准则》2-3-2条	建筑	景观	附属文物	
	■	▲	▲	
	多伦诺尔清真寺在建筑艺术上为阿拉伯建筑风格与中国北方古典式建筑艺术风格相结合的清代建筑，对于研究清代蒙古草原建筑艺术具有重要的价值。 山西会馆戏楼体形高大，台前仅有两根明柱支撑，其建筑风格具有独到之处，全国亦属罕见。 山西会馆从整体规划到单体建筑设计，风格统一完整，是典型的黄河文化建筑艺术形式。			

评估等级：价值较高：■ 一般：▲ 较低：□ 无：—

三、艺术价值评估结论

多伦诺尔清代古建筑群从建筑形式到建筑风格，充满了汉蒙古回多民族融合的文化艺术魅力，充分体现出内地农耕文明与北方游牧文明互相交融的特点，展现出旅蒙商之都的多文化艺术内涵，具有很高的文化艺术研究价值。

多伦诺尔清代古建筑沿轴线排列，主次分明，对称式布局，建筑造型装饰等体现我国传统的古代建筑特色与营造建筑艺术的追求。

多伦诺尔清代古建筑群落斗拱飞檐，雕梁画栋，色彩艳丽，设计精巧，布局紧凑，对于研究草原地区的汉式建筑艺术具有较高的价值。

多伦诺尔清真寺在建筑艺术上为阿拉伯建筑风格与中国北方官式建筑艺术风格相结合的清代建筑，对于研究清代伊斯兰教建筑艺术具有重要的价值。

第四节 科学价值评估

一、评估标准

根据《关于〈中国文物古迹保护准则〉若干重要问题的阐述》2-3-3 条，文物古迹的科学价值专指科学史和技术史方面的价值，主要表现在以下方面：

1.规划和设计，包括选址布局，生态保护，灾害防御，以及造型、结构设计等。

2.结构、材料和工艺，以及它们所代表的当时科学技术水平，或科学技术发展过程中的重要环节。

3.本身是某种科学实验及生产、交通的设施或场所。

4.在其中记录和保存着重要的科学技术资料。

二、科学价值评估

根据上述评估标准，具体评估如下。

多伦诺尔古建筑群科学价值评估表

评估要点	价值载体 / 说明		
《中国文物古迹保护准则》2-3-3条①	自然环境选址	建筑造型和结构	空间格局
	▲	■	■
	多伦诺尔清真寺建筑结构严谨，大殿坐西朝东，布局统一合理，井然有序，彩绘以蓝色为主，层次分明，设计艺术属中国古典式建筑风格，对于研究中国古典建筑风格具有重要的科学价值。		

评估要点	价值载体 / 说明			
《中国文物古迹保护准则》2-3-3条②	结构	材料	工艺	技术特色
	■	▲	□	■
	多伦古商业城虽经民国期间的战火及"文革"的破坏，但就现存比较完整的山西会馆、娘娘庙、兴隆寺、城隍庙、清代商号宅院和四座清真寺等九处建筑群落，仍然可以透视出繁荣于清代 200 多年的蒙古草原旅蒙商之都的风采，这在全国也是极其罕见的，具有深远的历史意义和科学研究、文化艺术价值。			
《中国文物古迹保护准则》2-3-3条③	文物建筑		空间院落	历史环境
	▲		▲	■
	多伦诺尔古建筑群各处文物建筑本身是宗教活动或商业会馆办公场所，为研究多伦商业城多种文化的形成和发展提供了重要科学素材价值。 现存的这些古建筑可为考古学界对当时的宗教文学艺术和科学价值提供充分的实物考证。			

评估等级：价值较高：■　一般：▲　较低：□　无：—

三、科学价值评估结论

多伦诺尔清真寺建筑结构严谨，大殿坐西朝东，布局统一合理，井然有序，彩绘以蓝色为主，层次分明，设计艺术属清代官式建筑风格与伊斯兰古行派相结合，对于研究中国古典建筑风格具有重要的科学价值。

多伦古商业城虽经民国期间的战火及"文革"的破坏，但现存比较完整的九处建筑群落，仍然可以透视出繁荣于清代 200 多年历史中的蒙古草原旅蒙商之都的风采，这在全国也是极其罕见的，具有深远的历史意义和科学研究、文化艺术价值。

多伦诺尔古建筑群各处文物建筑本身是宗教活动或商业会馆办公场所，为研究多伦商业城多种文化的形成和发展提供了重要科学素材价值。

第五节　社会文化价值

多伦诺尔古建筑群社会价值评估表

类别	性质	社会价值体现	基本评价
文物遗存性质	历史信息	见证了内蒙古多伦诺尔古镇的历史变迁，历史信息丰富。	■
	完整性	多伦诺尔古建筑群本体基本保留完整，历史环境变迁较大，基本具备开放参观和纪念的条件。	▲
	珍惜程度	在同时期同类建筑中保留最为完好。	■
	地域相关性	既体现了典型的清代内蒙古草原寺庙、会馆、清真寺等古建筑的风貌，又反映了民国以来建筑格局的变迁。	■
参观游览	游憩性	环境变化较大，基础设施条件较差，游憩条件不足。	▲
	知名度	具备一定的知名度，但还有待进一步提高。	▲
	教育与传播	1938年回族群众抗击日寇盗掘回族墓地，由五寺教长率数千名回族群众在北寺举行签字仪式，庆祝斗争胜利大会，是重要的爱国主义教育基地。 多伦诺尔古建筑群所承载的历史信息，是外地人了解多伦诺尔古镇的重要窗口，是民族教育、爱国主义教育的重要基地。	■
	市场	目前仅山西会馆对外开放，展示和利用不足。	□
其他因素	学术研究	对于清代历史及清代寺庙建筑的研究是我国学术研究中的热门课题，同时多伦诺尔古建筑群也是开展边疆少数民族贸易活动研究的重要入手点。	■

评估等级：价值较高：■　一般：▲　较低：□　无：—

社会价值评估结论

多伦诺尔古建筑群所承载的历史信息，是外地人了解多伦诺尔古镇的重要窗口，是民族教育、爱国主义教育的重要基地。

多伦诺尔古建筑群保留较为完整，局部历史环境尚存，是多伦县重要的文化景点，也是当地的重要文化资源，对地方社会文化和旅游发展具有积极的促进作用。

山西会馆内每年都举办晋剧和河北梆子演唱活动，对戏曲的发展和蒙汉间的文化交流起到了促进作用。同时为今后多伦的经济发展，为步入文化产业化奠定基础。

第二章　文物保存现状评估

依据上述文物概况和价值研究，我们初步形成了对多伦诺尔古建筑群的整体认识。以此为据，对文物现状进行调查和评估，发现各自所面临的问题及相关影响因素，掌握变化趋势，为合理制定保护措施提供依据和认识。

第一节　真实性评估

一、评估标准

根据《实施保护世界文化与自然遗产公约业务指南》82条，依据文化遗产类别和其文化背景，如果遗产文化价值的特征（外形和设计；材料和实体；用途和功能；传统、技术和管理体制；方位和位置；语言和其他形式的非物质遗产；精神和感受；其他内外因素）是真实可信的，则被认为具有真实性。依照多伦诺尔古建筑群的文物价值，多伦诺尔古建筑群真实性的评估主要针对以下方面：

1. 外形和设计、材料和实体。
2. 功能和用途：文物现状是否真实地反映多伦诺尔古建筑群各时期的历史功能。
3. 原料与材料：文物建筑的修缮是否采用传统工艺和传统材料。
4. 位置与环境：空间位置是否变化，周围环境是否仍保持历史环境的主要特征。
5. 精神和感受：象征意义、精神感染力以及人们对它的文化认同感是否发生变化。

遗产评估要点表

文物构成		评估要点
文物本体	空间格局	以清代多伦诺尔古建筑群的空间格局为真实性评价的主要方面（包括空间格局、道路格局等）； 考虑多伦诺尔古建筑群原有分布特征（包括建筑与道路空间分布关系等）。
	文物建筑及院落	文物建筑和院落是否保持历史原貌；历史上的改建新建均视为真实性的一部分；民国后期进行的改建扩建视为人为不当改造。 文物建筑的修缮是否以传统材料按照传统工艺和技术修建。

二、真实性评估

多伦诺尔古建筑群真实性评估表

评估要点		较好方面	较差方面
形式与设计	空间格局	多伦诺尔古建筑群九处文物保护单位主体院落格局保留完整，基本反映了清代多伦诺尔古镇的原有历史状况； 九处文物保护单位文物本体与历史传统街道空间分布关系，基本真实地反映了清代历史时期的空间格局，是其历史功用延续的实物代表。	九处文物保护单位周边环境改变较大，尤其是近现代居民房屋随意建设、道路拓宽、变窄等变化； 文物保护范围院落内空间格局发生了变化，新建建筑与缺失建筑对原始空间格局形成破坏。
	文物建筑及院落	九处文物保护单位现存文物建筑及院落基本保持历史原貌，真实地反映了其历史时期的基本状况； 近年来修缮基本按照传统工艺和技术修建，基本上真实地延续了传统历史风貌。	民国后期由于战争及"文革"等历史原因，对多伦诺尔古建筑群造成了严重的破坏，部分文物建筑毁坏缺失，局部后期不当改造修缮，文物建筑及院落风貌不统一，致使其真实性较差； 大部分文物院落受周边居民自建房的占用，破坏原有围墙；部分围墙式样经过后期改造，其院落格局界线不真实明晰。
用途与功能		目前，山西会馆现已经对外开放，作为陈列展示其历史功能及风貌的场所，主要文物建筑的形式和布局仍反映多伦诺尔古建筑群的历史功能。 清真北寺与清真中寺现仍作为伊斯兰教清真寺延续其宗教活动，基本真实地延续了清真寺的历史功能。	娘娘庙、兴隆寺、清真南寺目前正在修缮或闲置，缺乏有效的展示利用； 清真西寺、清代商号、城隍庙由于历史原因目前仍为居民个人使用，现状功能与用途不能有效地反映其历史的真实性。
原料与材料		大部分建筑仍为清代木构建筑，建筑材料仍保持原样。	新中国成立后在部分文物建筑采用现代门窗装修，局部进行了改造，与历史风貌存在差距。

续　表

评估要点	较好方面	较差方面
位置与环境	多伦诺尔古建筑群保持原址原状，主要建筑遗存仍在原址保留完整，相对空间关系准确清晰。	文物保护单位周边大量现代建筑的出现，对原有的环境风貌有所破坏。
精神与情感	多伦诺尔古建筑群以其200多年的深厚文化底蕴，承载内蒙古自治区的厚重的历史变迁，并且亲身见证了对抗侵略，促进民族融合，祖国的独立统一的爱国主义历程；是内蒙古多伦县重要的文化遗产地之一。	城市建设缺乏对多伦诺尔古建筑群历史环境的考虑，建筑群湮没在现代建筑群中，失去了纪念和缅怀的历史氛围。部分保护范围内建筑物被不正当利用，长期缺乏保护维修经费，对建筑物本体造成一定破坏。

三、真实性评估结论

多伦诺尔古建筑群总体上保留完整，现有建筑群和院落基本保持历史格局和风貌，延续了文物真实的历史信息，能够准确反映历史格局和功能，真实性较高。

由于县城建设的原因，大量新建的现代化建筑距离古建筑群落太近，缺少对古建筑群历史风貌的考虑，对多伦诺尔古建筑群原有的历史环境和视线景观造成严重的破坏。

除山西会馆部分建筑经过维修外，其他主要建筑遗存普遍存在年久失修、构件老化、墙体坍塌，台基风化等严重残损；导致文物本体的真实信息难以有效延续。

多伦诺尔古建筑群在中国近现代边疆民族政策仍保持重要的情感价值，目前在保护维修和对外宣传上还存在差距。

第二节　完整性评估

一、评估标准

根据《实施保护世界文化与自然遗产公约业务指南》（下文简称《遗产公约指南》）88条，完整性用来衡量自然和（或）文化遗产及其特征的整体性和无缺憾性。因而，审查遗产完整性就要评估遗产满足以下特征的程度，包括所有表现其突出的普遍价值的必要因素；形体上足够大，确保能完整地代表体现遗产价值的特色和过程；受到发展的负面影响和／或被忽视。

上述条件需要在完整性陈述中进行论述。

根据《遗产公约指南》的 88 条，多伦诺尔古建筑群完整性的评估主要从以下几方面进行：

体现文物价值的必要因素：指作为多伦诺尔古建筑群旧址的所有价值载体在整体上的存留程度。

空间和视域范围：多伦诺尔古建筑群历史格局的完整程度，以及在周边环境中是否保留完整的历史景观视域。

历史文化层面：作为多伦诺尔古建筑群历史变迁的实证，以及山东胶东地区地主阶级历史的重要见证，现存的遗产要素是否能完整地体现这种历史文化。

二、完整性评估

根据上述评估标准，具体评估如下。

多伦诺尔古建筑群完整性评估表

评估要点	较好方面	较差方面
体现文物价值的必要因素（物质载体的完整性）	作为多伦诺尔古建筑群的主要建筑物基本保留完整； 主要院落和围墙格局基本保留完整； 建筑整体布局、空间关系基本保留完整。	部分原有建筑消失或改造； 新中国成立后文物院落周边新建的居民住宅建筑，破坏了院落和围墙，损坏了历史格局的完整性。
空间和视域范围	保护范围四至均为道路，能够保证主要保护范围不受进一步侵占； 院落环境中的古树基本保持历史风貌，院落内景观受到保护的力度较大。	多伦诺尔古建筑群所在用地范围内新建的民居住宅建筑紧邻文物建筑，破坏了原有的历史环境； 大规模的现代化城市建设与改造工程，使得多伦诺尔古建筑群所需的保护管理和展示空间日益狭窄，严重破坏了历史环境。
文化层面	多伦诺尔古建筑群保存较完整，能反映清代"多伦诺尔会盟"产生地和实践地原貌。	作为珍贵的文化遗产地目前存在文物建筑损坏，缺乏保护经费等问题，急待保护和合理利用； 现有产权不清晰使得多伦诺尔古建筑群整体的历史文化魅力不能得到完整全面的挖掘。

三、完整性评估结论

多伦诺尔古建筑群的原有格局基本保存完整，部分建筑以及院落残损严重，完整性受到一定影响。

空间和视域范围受到城市开发建设的影响，历史环境遭到严重破坏，部分文物本体的历史格局也遭到新建居民建设活动的严重破坏。

在文化层面上，保存较完整的建筑群能清楚地反映清代"多伦诺尔会盟"产生地和实践地原貌。历史环境的丧失使得原有历史氛围遭到严重破坏。

第三节　遗产保存现状评估

内蒙古多伦诺尔古建筑群文物对象包括建筑、围墙、院落、附属文物等。根据价值评估和保护对象认定，分别对其进行保存现状评估。

一、建筑遗存现状评估

（一）评估标准

参照《古建筑木结构维护与加固技术规范》4.1.4条，对古建筑涉及结构安全的残损等级分为四类。

Ⅰ类建筑：承重结构中原有的残损点均已得到正确处理，尚未发现新的残损点或残损征兆。

Ⅱ类建筑：承重结构中原先已修补加固的残损点，有个别需要重新处理；新近发现的若干残损迹象需要进一步观察和处理，但不影响建筑物的安全和使用。

Ⅲ类建筑：承重结构中关键部位的残损点或其组合已影响结构安全和正常使用，有必要采取加固或修理措施，但尚不致立即发生危险。

Ⅳ类建筑：承重结构的局部或整体已处于危险状态，随时可能发生意外事故，必须立即采取抢修措施。

多伦诺尔古建筑群现有建筑的现状评估中，列入评估的残损因素包括建筑结构、小木装修、建筑屋顶、建筑墙体四项。各项评价等级为：严重、一般、轻微、基本完好，具体标准规定如下。

多伦诺尔古建筑群残损鉴定因素标准表

鉴定因素	缺失	基本完好	轻微	一般	严重
建筑结构	缺失	保留完整	主体结构完整，部分构件残损。	主体结构完整，构件损毁较多。	主体结构残损严重。
小木装修	无	保留完整	保留完整，部分构件残损严重。	基本保留完整，大量构件存在缺失或残损。	不完整，缺失严重，构件残损严重。
墙体	无	保留完整	保留完整，局部墙面粉刷剥落。	整体基本尚在，墙体破损现象普遍。	墙体结构损毁严重，墙体缺失或坍塌。
屋顶	无	保留完整	保留完整，瓦片装饰构件部分残损。	基本完整，瓦片装饰构件缺失，残损普遍。	屋面存在漏雨，植被青苔侵害，瓦面及装饰构件缺失严重。

每项因素评估分为 4 级，按残损严重程度记 1～4 分，"严重"记 1 分，"一般"记 2 分，"轻微"记 3 分，"完好"记 4 分；通过综合评分确定各个建筑的残损等级。

（二）建筑遗存现状评估

根据上述设定的四项参数对内蒙多伦诺尔古建筑群现有建筑物进行综合评估，确定结构可靠性等级。

多伦诺尔古建筑群建筑遗存现状评估表

单位名称	建筑编号	建筑名称	建筑年代	结构可靠性				
				结构残损	墙体残损	屋顶残损	装修残损	结构可靠性
清真北寺	BS-1	山门	清	中度	中度	严重	严重	Ⅲ类建筑
	BS-2	北讲堂	清	基本完好	基本完好	轻微	轻微	Ⅰ类建筑
	BS-3	南讲堂	清	中度	严重	中度	严重	Ⅲ类建筑
	BS-4	礼拜殿	清	轻微	中度	轻微	严重	Ⅱ类建筑
	BS-5	邦克楼	清	中度	严重	中度	中度	Ⅲ类建筑
城隍庙	CH-1	西配殿	清	严重	中度	严重	严重	Ⅲ类建筑
	CH-2	东配殿	清	严重	严重	严重	严重	Ⅳ类建筑
	CH-3	东厢房	清	中度	中度	严重	严重	Ⅲ类建筑
	CH-4	西厢房	清	严重	严重	严重	严重	Ⅳ类建筑
娘娘庙	NN-1	南配房	清	中度	严重	严重	严重	Ⅲ类建筑

续　表

单位名称	建筑编号	建筑名称	建筑年代	结构可靠性				
				结构残损	墙体残损	屋顶残损	装修残损	结构可靠性
娘娘庙	NN-2	南配殿	清	严重	严重	严重	严重	Ⅳ类建筑
	NN-3	南耳房	清	严重	严重	严重	严重	Ⅳ类建筑
	NN-4	大殿	清	严重	严重	严重	严重	Ⅳ类建筑
	NN-5	北耳房	清	严重	严重	严重	不详	Ⅲ类建筑
	NN-6	北配房	清	严重	严重	严重	严重	Ⅳ类建筑
	NN-7	北配殿	清	中度	严重	严重	严重	Ⅲ类建筑
清真南寺	NS-1	山门	清	严重	严重	严重	严重	Ⅳ类建筑
	NS-2	北讲堂	清	严重	严重	严重	严重	Ⅳ类建筑
	NS-3	礼拜殿	清	严重	严重	严重	严重	Ⅳ类建筑
	NS-4	南讲堂	清	中度	严重	严重	严重	Ⅲ类建筑
清代商号	SH-1	前院正房	清	严重	严重	中度	中度	Ⅲ类建筑
	SH-2	南房	清	严重	中度	严重	严重	Ⅲ类建筑
	SH-3	后院正房	清	严重	严重	严重	严重	Ⅳ类建筑
	SH-4	配房	清	中度	中度	严重	严重	Ⅲ类建筑
山西会馆	SX-01	山门	清	基本完好	轻微	基本完好	中度	Ⅰ类建筑
	SX-02	下宿	清	基本完好	轻微	轻微	轻微	Ⅱ类建筑
	SX-03	戏楼	清	中度	基本完好	基本完好	轻微	Ⅱ类建筑
	SX-04	过殿	清	严重	基本完好	轻微	轻微	Ⅱ类建筑
	SX-05	西长廊	清	基本完好	基本完好	基本完好	基本完好	Ⅰ类建筑
	SX-06	东长廊	清	基本完好	基本完好	基本完好	基本完好	Ⅰ类建筑
	SX-07	议事厅	清	基本完好	中度	中度	基本完好	Ⅱ类建筑
	SX-08	西配殿	清	基本完好	轻微	基本完好	轻微	Ⅰ类建筑
	SX-09	东配殿	清	基本完好	轻微	基本完好	基本完好	Ⅰ类建筑
	SX-10	关帝庙	清	基本完好	轻微	基本完好	轻微	Ⅱ类建筑
	SX-11	钟楼	清	基本完好	基本完好	基本完好	基本完好	Ⅰ类建筑
	SX-12	鼓楼	清	基本完好	基本完好	基本完好	基本完好	Ⅰ类建筑
	SX-13	西厢房	清	基本完好	轻微	基本完好	轻微	Ⅰ类建筑

单位名称	建筑编号	建筑名称	建筑年代	结构可靠性				
				结构残损	墙体残损	屋顶残损	装修残损	结构可靠性
山西会馆	SX-15	西耳门	清	轻微	基本完好	基本完好	轻微	Ⅰ类建筑
	SX-16	东耳门	清	基本完好	基本完好	基本完好	基本完好	Ⅰ类建筑
	SX-17	西倒座	清	基本完好	轻微	基本完好	轻微	Ⅰ类建筑
	SX-18	东倒座	清	基本完好	基本完好	轻微	基本完好	Ⅰ类建筑
	SX-19	西角门	清	基本完好	轻微	基本完好	轻微	Ⅰ类建筑
	SX-20	东耳房	清	基本完好	基本完好	基本完好	基本完好	Ⅰ类建筑
	SX-21	西耳房	清	基本完好	轻微	基本完好	轻微	Ⅰ类建筑
兴隆寺	XL-1	山门	清	严重	轻微	基本完好	严重	Ⅲ类建筑
	XL-2	西配楼	清	中度	严重	基本完好	严重	Ⅲ类建筑
	XL-3	东配楼	清	基本完好	基本完好	基本完好	轻微	Ⅰ类建筑
	XL-4	东配房	清	严重	轻微	基本完好	严重	Ⅲ类建筑
	XL-5	钟楼	清	严重	轻微	基本完好	严重	Ⅲ类建筑
	XL-6	天王殿	清	中度	轻微	基本完好	严重	Ⅲ类建筑
清真西寺	XS-1	礼拜殿	清	严重	中度	中度	严重	Ⅳ类建筑
清真中寺	ZS-1	礼拜殿	清	基本完好	基本完好	基本完好	轻微	Ⅰ类建筑

（三）建筑遗存现状评估结论

多伦诺尔古建筑群内文物建筑整体情况尚好，但是受自然力侵害，檩椽糟朽，墙体酥碱剥落以及屋顶漏雨和植物病害等损毁现象仍普遍存在。部分建筑基础不均匀沉降，部分建筑瓦件松散破碎，严重漏雨；地面铺墁破碎较为普遍。

山西会馆的主体建筑群部分经过维修，日常的管理到位，建筑保存较好。

清真南寺、清真西寺、清真北寺、清代商号由于年久失修和人为搭建的原因，大木结构和墙体破坏严重，结构可靠性较差，亟须修缮。

城隍庙因产权问题至今未收回文物部门管理，建筑目前作为居住和储藏使用，局部改制现象严重，功能使用不当，建筑残损严重，亟待抢修。

多伦诺尔古建筑群遗存中，34% 为 I 类建筑，11% 为 II 类建筑，33% 为 III 类建筑，22% 为 IV 类建筑。大部分建筑遗存中古建筑的结构可靠性相对较一般。

二、文物院落现状评估

（一）评估标准

选取地面铺装、院落景观、铺装残损三项参数对院落进行评估。

评估结论分四等级：A（良好）、B（一般）、C（较差）、D（严重）；评估标准描述如下。

院落评估标准表

评估结论	A	B	C	D
院落	基本具备院落要素，景观优美，风貌协调，地面基本完好。	院落部分要素残缺，风貌基本协调，或地面铺装有残损。	院落要素严重残缺，或各要素残损严重。	院落各要素基本残坏，整体风貌极不协调。

（二）现状评估

评估对象为九处文物建筑群对应的现状院落。

院落现状评估表

院落编号	院落名称	院落功能	院落铺装材	院落铺装残损	景观评估	综合评估
01	山西会馆	会馆	条石	I 级	美观	A
02	兴隆寺	民间寺院	条石	IV 级	简陋不美观	D
03	娘娘庙	民间寺院	水泥方砖	IV 级	简陋不美观	D
04	城隍庙	民间寺院	土	IV 级	简陋不美观	D
05	清真南寺	伊斯兰教寺院	土	IV 级	极简陋	D
06	清真北寺	伊斯兰教寺院	土	II 级	一般	B
07	清真中寺	伊斯兰教寺院	条砖	II 级	一般	B
08	清真西寺	伊斯兰教寺院	土	IV 级	极简陋	D
09	清代商号	会馆	碎石土	III 级	简陋不美观	C

（三）文物院落现状评估结论

评估对象为九处文物建筑群对应的现存各院落。

保存完好的山西会馆、清真北寺、清真中寺院落因为管理完善，整修及时，保留较好。其他各院落因缺少管理，年久失修；部分建筑群损毁严重，居民个人使用或闲置，院落内铺地破损严重，垃圾众多。对多伦诺尔古建筑群现存建筑形成直接威胁，严重影响多伦诺尔古建筑群整体风貌。

评估结论：山西会馆院落为相对良好，清真中寺、清真北寺为一般，清代商号为较差，兴隆寺、娘娘庙、城隍庙、清真南寺、清真西寺为破损严重。破损严重的院落主要为其他居民所占用或闲置的院落。

第三章　环境评估

研究范围为多伦诺尔古建筑群所在的多伦诺尔古镇旧城区，由现一环路环绕的椭圆形旧城区用地范围。

第一节　周边用地评估

一、评估用地范围

多伦诺尔古建筑群周边环境是以多伦旧城区 20 世纪 80 年代前后建设环境为主，此范围的用地性质主要是以居住用地和商业用地为主。它们对于多伦诺尔古建筑群的文物保护、历史景观以及交通管理等都有直接的影响，通过周边用地性质对文物保护单位影响的调查，对用地性质进行评估。

二、用地使用状况评估

用地使用状况具体评估如下。

多伦诺尔古建筑群和周边用地状况表

地块编号	用地性质	使用单位名称	影响情况	影响程度	面积（公顷）
地块 01	C2 商业金融用地	商店、宾馆、建材城	此地块没有文物建筑群，但此地块建筑紧邻清真北寺，新建建筑风貌较现代，对环境气氛的营造有一定的影响，现状很不和谐。	建筑体量、建筑使用功能外立面材料及、建筑层数、屋顶形式等对文物建筑周边风貌影响极大。	23.5
	C1 行政办公用地	公安局，消防大队			
	E61 居住用地	普通住宅，民居			
	C3 文化娱乐用地	网吧			
	C4 体育用地	—			
地块 02	C7 文物古迹用地	兴隆寺	兴隆寺坐落在此地块东南角，紧邻寺院的功能用地对寺院存在严重的影响，破坏了古建筑群落的历史环境。	建筑体量，外立面材料及风貌；建筑层数；屋顶形式等各个方面影响极大。	18.5
	E61 居住用地	普通住宅，民居			
	C2 商业金融用地	小卖店，小商场，宾馆，酒店			
	M3 工业用地	废品回收站			
	C5 医疗卫生用地	诊所			
	C1 行政办公用地	学校，多伦盐务局			
地块 03	C7 文物古迹用地	城隍庙，娘娘庙	商业建筑及民居包围文物建筑，严重破坏了古建筑群落的历史氛围。	影响较大。	10.8
	E61 居住用地	民居			
	C4 体育用地	—			
	C2 商业金融用地	商店，旅馆，餐馆			
	C5 医疗卫生用地	—			
地块 04	C7 文物古迹用地	清真北寺	建筑多数为20世纪80年代后的民居区。	影响一般。	21.7
	E61 居住用地	低层住宅、民居			
地块 05	C7 文物古迹用地	清真西寺，山西会馆	大部分为民居和文物建筑。	影响一般。	24.5
	E61 居住用地	民居			
	M3 工业用地	兴华酒厂			
地块 06	C7 文物古迹用地	清真中寺	周边建筑密集度较高且距离中寺太近，破坏了文物建筑的历史氛围，很不协调。	对古建筑群的历史环境影响较大。	10.7
	R12 公共服务设施用地	多伦回族小学			
	C5 医疗卫生用地	多伦县中医院			

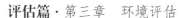

续 表

地块编号	用地性质	使用单位名称	影响情况	影响程度	面积（公顷）
地块 07	C7 文物古迹用地	清代商号	水泥厂和塑编厂和废品回收站距离商号较近，严重影响了周边环境。	对于周边环境的政治影响极大。	25.2
	E61 居住用地	普通民居			
	M3 工业用地	鑫源水泥彩砖厂、多伦塑编厂，废品回收站			
	C2 商业金融用地	商店			
地块 08	C7 文物古迹用地	清真南寺	地块比较潮湿，对于清真南寺的保护很不利。	周边建筑、塑料大棚等的立面屋顶形式等对文物保护影响极大。	29.5
	R12 公共服务设施用地	多伦县第一中学			
	E21 菜地	温室大棚			
	E61 居住用地	普通民居			

三、用地使用状况评估结论

多伦诺尔古建筑群位于多伦诺尔古镇上，周边用地性质主要是以店铺和民居等商业和居住用地为主，还有少数的旅馆和办公用地；在古镇建设上，并没有考虑到多伦诺尔古建筑群的整体历史风貌，地块沿线新建很多低层住宅风貌与文物建筑不协调，很多文物建筑目前被当地居民作为居住使用，对于文物建筑的整体完整性造成严重的破坏；山西会馆附近新建的仿古建筑对外出租商铺，从而对文物建筑的管理保护工作形成阻力和困难。

多伦诺尔古建筑群的保护范围内被很多非文物建筑占用着，目前正被使用着，这不仅破坏了文物院落的整体的完整性，以及历史风貌，同时也对文物建筑造成了一定的破坏，并对整体建筑群落的管理、利用，以及发展规划的实施形成重大阻力。

多伦诺尔古建筑群周边商业用地太多，且比较分散，没有进行整体的规划和整治，且经营内容上与多伦诺尔古建筑群的历史文化内容不相适应，不利于多伦诺尔古镇传统文化氛围的塑造。

第二节 周边建筑评估

一、周边建筑环境现状

多伦诺尔古建筑群的周边建筑形式主要以民宅建筑为主，也有些许商业建筑、工业建筑、医疗建筑、办公建筑、学校建筑和娱乐建筑。还有一些清代建筑遗存，民宅建筑形式较为一致，多数为红砖，现代坡屋顶形式，住宅功能一般为私人院落，沿街有底层住宅商业建筑，民宅建筑是周边建筑主要的景观之一。其次，商业建筑包括市场建筑、餐饮建筑、宾馆建筑。工业上也有规模不大的石材厂、养路工厂等建筑。医疗建筑有县级医院，也有私人诊所。办公建筑包括行政办公楼、商业办公楼。另外，也有新建建筑、新建广场等。

通过对周边建筑的建筑功能、建筑层数、屋顶形式、建筑材料等方面的调查，分别对九处文物古建周边建筑的建筑质量和建筑风貌环境进行具体评估。

周边建筑环境评估表

	周边建筑环境	有效措施	尚存问题
清真北寺	清真北寺北邻府前街，东临东一环路，周围建筑多数民宅，均为一层，现代双坡屋顶，墙体为红砖，临街一排房屋属于私人住宅商业一层建筑，屋顶形式为现代双坡，墙体为涂料，文物本体的东南方向有一排两层新建建筑，屋顶为平顶，风貌略显突兀，东北角是临时搭建的修理厂，与文物建筑极不协调。	1.1999年至2003年政府公布了多伦诺尔古建筑群的保护范围和控制地带，部分限制了古建筑群区域内新的建设活动。	1.周边建筑的建筑材料、高度等均与传统形式差异很大，近期新建设的住宅楼、办公楼等在建筑形式与风貌上与传统环境极不协调。
清真中寺	清真中寺北依多伦县回族小学，其他三面建筑均为一层现代坡屋顶民宅，墙体材料多数为红砖，也有部分水泥、涂料和土坯，风貌基本不协调。		
清真南寺	清真南寺四周均是一层民宅，都是以红砖，现代坡屋顶为主，少数水泥、涂料等墙体材料，建筑质量较差，风貌不协调。		
清真西寺	清真西寺西临西一环路，东临大西街，过街则是山西会馆，西南侧建筑已拆除，现建地基，周围为一层民宅，墙体多为红砖，少数水泥，较远处也有新建仿古建筑，周边建筑整体风貌多样零乱。		
山西会馆	山西会馆东临承恩大街，西邻大西街，再往西则是清真西寺，会馆南侧有新建设的广场，广场的东侧有新建仿古建筑，周围普遍是一层现代坡屋顶民宅，墙体材料多为红砖，部分水泥，部分土坯，极少数面砖，整体质量一般，少数危房，建筑风貌不协调。		

续　表

	周边建筑环境	有效措施	尚存问题
兴隆寺	兴隆寺南临佛殿街，东临前牛市街，坐落两条街的交岔口邻近处，周围建筑大部分是民宅，沿前牛市街是层住宅商业建筑，形制大体一致，均为一层现代坡屋顶，墙体材料多为红砖，个别是涂料、土坯，风貌与文物建筑不协调。	2. 多伦诺尔古建筑群所在的区域为旧城区环境，属于传统古城的核心区域，目前及时开展的文物保护规划有助于历史名城保护，旅游开发。	2. 临近低层居住，商业建筑多是居民自建，建筑加建、改建、搭建现象严重，建筑结构和形式混杂，风貌状况差。 3. 周围建筑基础设施缺乏，消防安全隐患严重，排水和垃圾处理等环卫基础设施不完善。
城隍庙	城隍庙南临城隍庙街，周围建筑基本上是一层现代坡屋顶民宅，墙体材料主要是红砖，也有少数抹灰，住宅商业建筑墙体多为面砖，少数红砖，庙东有一处二层平顶式建筑，墙体材料为条砖，建筑风貌不协调。		
娘娘庙	娘娘庙位于东盛大街与佛殿街交岔口邻近处，建筑形制大体相同，均为一层民宅建筑，墙体材料有红砖，青砖，涂料和抹灰，屋顶形式为现代坡屋顶，有一处建筑屋顶为平顶，建筑风貌不协调。		
清代商号	清代商号位于财神街和二道河街的交岔口西南处，周边建筑除民宅外，还有行政办公建筑，建筑质量一般，墙体材料多数红砖，屋顶均为现代坡屋顶，个别为传统硬山，建筑风貌不协调。		

二、周边建筑评估结论

周边建筑多为 20 世纪六七十年代新建民居红瓦房，目前大部分建筑简陋，影响文物建筑周边景观。

周边建筑总体风貌较为零乱，颜色、材料、风格等与文物建筑不协调，没有考虑与文物古迹的历史环境相协调，对文物建筑环境造成一定的破坏。

多伦诺尔古建筑群周边建筑在开发建设中没有考虑到作为国家级文物保护单位的历史环境和风貌，城市建设严重破坏多伦诺尔古建筑群历史环境的真实性和景观协调性。

周边建筑质量总体一般，普遍采用现代建筑材料和装修材料，部分新建建筑高度过高，与文物建筑环境风貌不协调，对景观造成较大的影响，对文物保护与管理造成十分不利的影响，应予以适当控制。

近年来，周边不断有翻建、新建建筑出现，其建筑质量较粗糙，与传统风貌不相协调，影响了这一区域的整体风貌。

第三节 道路交通及基础设施现状评估

道路交通主要是对多伦诺尔古镇旧城区现状道路系统的评估；基础设施主要包括对多伦诺尔古建筑群九处文物建筑群的给水、排水、电力以及消防等设施的现状进行调查评估。

一、道路交通评估

多伦诺尔古建筑群所在的旧城区道路格局基本为历史传统道路走向格局，现道路材料为近年来改造的沙石、水泥路面；大部分道路交通混乱，人车混杂，对文物建筑群的旅游交通有一定的不利影响。

文物建筑群临近的道路上没有设置文物保护单位点的指向标识，相关路面缺乏交通警告标志，存在一定的安全隐患。

九处文物建筑群自然分布在古镇内，各处距离相对较远且分散，未设置统一的旅游交通车行路线及交通工具，对未来的旅游发展构成一定的不利因素。

二、给水排水设施评估

多伦诺尔古建筑群自然分散式分布在诺尔古镇内，大部分文物保护单位由市政管网供水，生活用水基本能够保障，但均无完善的消防给水设施。清真西寺、娘娘庙、兴隆寺既无生活给水也无消防给排水设施。

目前，多伦古建筑群的雨水排放方式大部分为自然排放，没有排水管沟。只有近期维修的山西会馆采用明沟排放雨水，并设立了污水井。

三、电力通信现状评估

多伦古建筑群统一由县供电局供电，古建筑群院内电力均引自路边明杆式电力线系统，大部分没有设置规范的变电箱。

建筑群院落内的电力线路大多数采用明线分布，管线错综复杂、多次私拉、杂乱无章。

各处文物建筑点的现状电力系统不能满足全国重点文物保护单位的用电规范，存在较重大安全隐患。

四、消防设施现状评估

多伦诺尔古建筑群各处文物建筑点均无设置消防水池、泵房及室外消防栓，文物建筑梁架上未装有感烟探测器和配有火情报警按钮等。

目前，除山西会馆外，其他各处文物建筑点没有配备手持灭火器，以及砂箱、水缸、铁锹等常规消防用具以及消防报警系统。

多伦诺尔古建筑群各处消防现状不能满足文物建筑的消防需求，对文物建筑构成了重大的安全隐患。

五、安防设施现状评估

多伦诺尔古建筑群目前没有安防设施。

六、防雷设施评估

多伦文物建筑与院内古树距离较近，在雷雨天气极易引起雷电火灾对文物建筑及树木造成破坏性的伤害。

现院落内建筑与古树均未设防雷设施，存在较大安全隐患。

第四章 管理评估

第一节 以往文物管理工作概述

作为全国重点文物保护单位，多伦诺尔古建筑群由内蒙古自治区锡林郭勒盟多伦县文物管理局负责日常管理。

以往多伦诺尔古建筑群文物保护和管理相关工作如下：

2003 年，国家文化部、国家文物局授予多伦县人民政府"全国文物工作先进县"称号。

2006 年多伦诺尔古建筑群被公布为全国第六批重点文物保护单位。

山西会馆的维修工作。

古建筑周边环境治理，争取环境整治经费 1000 多万元，搬迁单位三个、拆迁房屋102 间、搬迁居民 34 户、环境治理面积近 40000 平方米。

启动了多伦诺尔镇历史文化名镇的申报工作。

组织出版了《多伦文物古迹》《多伦民间故事》《汇宗寺》《康熙会盟》《多伦史话》等一批文史资料。

第二节 文物管理"四有"工作概述

一、保护区划

内蒙古自治区多伦县人民政府先后发布以下通知公告，确定了多伦诺尔古建筑群各处文物保护点的保护范围及建设控制地带。

关于确定"山西会馆""砧子山古墓群""白城子古遗址"保护范围的通知（多政府〔1999〕88 号）1999 年 9 月 20 日。

关于确定"碧霞宫""兴隆寺"保护范围和建设控制地带的通知（2003年2月22日）。

关于确定"善因寺、兴隆寺、燕秦边墙、王子坟、北石门古城遗址"保护范围的通知（多政府〔2001〕80号）2001年11月15日。

关于确定"四座清真寺、城隍庙、辽代古墓群、燕秦边墙、清代商号宅院"保护范围的通知（2001年11月15日）。

现有保护范围及建设控制地带表如下。

原有保护范围及建控地带

编号	名称	公布日期	保护范围	建设控制地带
1	山西会馆	1999年9月20日	山门、大戏楼、一过殿、二过殿、画像殿、钟鼓二楼、三过殿、东西长廊、正大殿、东西配殿、围墙，占地面积5200平方米，建筑面积1800平方米。	山西会馆墙外50米以内为基本建设控制地带。
2	兴隆寺	2001年11月15日	保护范围：大山门楼阁式配房、配殿、钟楼、二过殿。	兴隆寺大山门外10米以内为建设控制地带。
3	娘娘庙	2003年2月22日	以文化馆院墙为四界，院内面积1250平方米上的古建筑物，重点保护的建筑物有正大殿、南北配殿、耳房。	文化馆院墙外10米以内为建设控制地带，面积2050平方米。
4	城隍庙	2001年11月15日	以原广播站院墙为界，面积920平方米。	以院墙外10米为建设控制地带，面积为2100平方米。
5	清真南寺	2001年11月15日	以南寺院墙为界，面积700平方米，重点保护建筑为正大殿、南北讲堂等。	以南寺原有院墙向外10米为建设控制地带，面积为2100平方米。
6	清真北寺	2001年11月15日	以原有北寺院墙为界，面积2400平方米，重点保护建筑为山门、正殿、南北配殿、讲堂。	以北寺原有院墙向外10米为建设控制地带，面积3700平方米。
7	清真中寺	2001年11月15日	以清真中寺现有院墙为界，面积700平方米，重点保护建筑为正殿、配殿、沐浴室等17间。	以中寺原有院墙向外10米为建设控制地带。
8	清真西寺	2001年11月15日	以西寺原有院墙为界，面积780平方米，重点保护建筑为正殿。	以西寺原有院墙向外10米为建设控制地带，面积1870平方米。
9	清代商号	2001年11月15日	以原党校院墙为界，重点保护建筑为大门3间、前院正房3间、南房5间、后院正房5间、配房17间。	以原党校院墙向外10米为建设控制地带。

二、标志说明

作为全国重点文物保护单位，多伦诺尔古建筑群目前各处文物保护单位均无相应级别的全国重点文物保护标志碑、牌、界桩。

目前，山西会馆立有1996年5月28日公布的内蒙古自治区重点文物保护单位汉白玉标志碑一块。正面内容为：内蒙古自治区重点文物保护单位 | 山西会馆 | 内蒙古自治区人民政府 | 一九九六年五月二十八日公布；背面：山西会馆简介 | 山西会馆始建于一七四五年（乾隆十年），又称伏魔宫，馆内供有关公像，又称关帝庙。由当时财力雄厚的山西籍旅蒙商人集资兴建，……"文革"期间遭到破坏。多伦县人民政府自一九九九年进行修复。

除山西会馆之外，其他八处文保单位标志碑均为1987年8月8日多伦县人民政府立的多伦县重点保护单位的标志碑，内容简单，仅为保护级别、单位名称、公布日期，公布单位。

三、记录档案

多伦诺尔古建筑群已建立了符合国家文物保护要求的记录档案，包括相关文件、图纸、历史照片等内容，但其中历史资料的收集整理尚显不足。现"四有"档案保存在多伦县文物管理局，较为重要的相关文件包括：

历史文献、地方史志及相关资料（含复印件）。

2006年，抢险、维修等文物保护工程，有关勘察、测绘及工程实施方案形成的科学记录资料。

照片资料：含征集的历史照片（老照片）、实物照片。

四、管理机构

多伦诺尔古建筑群文物管理工作由内蒙古自治区多伦县文物管理局全面负责。

1987年成立文物所，随着文物工作的开展，2006年3月成立县文物局，是隶属多伦县人民政府管理的主管全县文物和博物馆工作的正科级事业单位。机构规格为正科

标志碑现状表

编号	名称	位置	公布日期	保护级别	质地	数量规格	内容
1	山西会馆	山西会馆山门东侧	1996年5月28日	内蒙古自治区重点文物保护单位	汉白玉	1个：高150厘米，宽120厘米，厚20厘米。	正面：内蒙古自治区重点文物保护单位｜山西会馆｜内蒙古自治区人民政府｜一九九六年五月二十八日公布 背面：山西会馆简介｜山西会馆始建于一七四五年（乾隆十年），又称伏魔宫，馆内供有关公像，又称关帝庙。由当时财力雄厚资金山西籍旅蒙商人集资兴建，……"文革"期间遭到破坏。多伦县人民政府自一九九年进行修复
2	兴隆寺	兴隆寺山门东侧	1987年8月8日	多伦县重点保护单位	汉白玉	1个：高40.5厘米，宽61厘米，厚10厘米。	多伦县重点保护单位／兴隆寺／多伦县人民政府一九八七年八月八日公布
3	娘娘庙	娘娘庙（碧霞宫）正殿门前左侧	1987年8月8日	多伦县重点单位	汉白玉	1个：高40.5厘米，宽61厘米，厚10厘米。	多伦县重点保护单位／碧霞宫／多伦县人民政府一九八七年八月八日公布
4	城隍庙	城隍庙东配殿门前	1987年8月8日	多伦县重点保护单位	汉白玉	1个：高40.5厘米，宽61厘米，厚10厘米。	多伦县重点保护单位／城隍庙／多伦县人民政府一九八七年八月八日公布
5	清真南寺	清真南寺正殿门口南侧	1987年8月8日	多伦县重点保护单位	汉白玉	1个：高40.5厘米，宽61厘米，厚10厘米。	多伦县重点文物保护单位／清真南寺／多伦县人民政府一九八七年八月八日公布
6	清真北寺	北寺正殿门口南侧	1987年8月8日	多伦县重点保护单位	汉白玉	1个：高40.5厘米，宽61厘米，厚10厘米。	多伦县重点文物保护单位／清真北寺／多伦县人民政府一九八七年八月八日公布
7	清真中寺	清真中寺正殿门口南侧	1987年8月8日	多伦县重点保护单位	汉白玉	1个：高40.5厘米，宽61厘米，厚10厘米。	多伦县重点文物保护单位／清真中寺／多伦县人民政府一九八七年八月八日公布
8	清真西寺	清真西寺正殿门口南侧	1987年8月8日	多伦县重点保护单位	汉白玉	1个：高40.5厘米，宽61厘米，厚10厘米。	多伦县重点文物保护单位／清真西寺／多伦县人民政府一九八七年八月八日公布
9	清代商号	清代商号门口南侧	1987年8月8日	多伦县重点保护单位	汉白玉	1个：高40.5厘米，宽61厘米，厚10厘米。	多伦县重点文物保护单位／清代商号宅院／多伦县人民政府一九八七年八月八日公立

级，属全额拨款事业单位，现有事业编 12 人，实有 12 人。中级职称 4 人，初级职称 3 人。文物局建有党支部，党员 6 名。文物局下设四个股室：局机关办公室、文物保护股、汇宗寺国保办公室、多伦诺尔古建筑群国保办公室。

主要职责是：科学开展古建筑保护工作，并在保护利用方面进行学术交流；开展文物征集和陈列展览，为广大观众充分利用文物古迹服务；开展社会教育，普及文物知识；进行文物鉴定，开展对外文物交流，负责多伦诺尔古建筑群日常管理工作。

第三节　管理措施现状概述

一、保护级别公布

1985 年，被公布为自治区（第二批）重点文物保护单位。

2006 年，被公布为第六批全国重点文物保护单位。

二、政府管理文件

《关于确定"山西会馆""砧子山古墓群""白城子古遗址"保护范围的通知（多政府〔1999〕88 号）》（1999 年 9 月 20 日）

《关于确定"碧霞宫""兴隆寺"保护范围和建设控制地带的通知》（2003 年 2 月 22 日）

《关于确定"善因寺、兴隆寺、燕秦边墙、王子坟、北石门古城遗址"保护范围的通知（多政府〔2001〕80 号）》（2001 年 11 月 15 日）

《关于确定"四座清真寺、城隍庙、辽代古墓群、燕秦边墙、清代商号宅院"保护范围的通知》（2001 年 11 月 15 日）

2003 年，国家文化部、国家文物局授予多伦县人民政府"全国文物工作先进县"称号。

三、资金投入状况

多伦诺尔古建筑群保护经费主要来自地方财政拨款，以及自治区、国家文管部门专项维修经费。

四、管理规章制度

多伦古建筑群以《中华人民共和国文物保护法》《内蒙古自治区文物保护条例》作为多伦古建筑群文物保护和管理的行政法规，制定了《岗位职责及规章制度》，并针对突发事件及消防应急等情况制定了应急预案。

安全保卫方面，多伦文物局成立了多伦诺尔古建筑群保护办公室，由多伦诺尔古建筑群保护办公室人员负责对所辖范围内文物的安全防护工作及殿仓的使用和管理工作。

第四节 文物管理评估

一、原有保护区划评估

内蒙古自治区多伦县人民政府于 1999 年和 2003 年先后三次公布了多伦诺尔古建筑群的保护范围及建设控制地带，从目前执行情况来看，保护范围并未得到很好落实贯彻。主要反映在如下几点：

公布的保护范围和建设控制地带描述范围界限不清晰，没有相关图纸；建设控制地带均为围墙外延 10 米或 50 米形式，不利于实际对周边地区的有效建设控制，不具备可操作性。

公布的保护范围和建设控制地带个别存在偏小，未考虑到文物建筑及院落的真实性与完整性问题。

根据本次规划的实际调查情况，多伦诺尔古建筑群的保护区划应该重新调整确定，并明确保护范围与建设控制地带的管理要求。

二、文物管理问题概述

多伦诺尔古建筑群文物管理上总体尚好，主要有三方面的不足。

1. 文物古迹的保护工作方面

多伦诺尔古建筑群文物保护力量严重不足，缺乏细致的保护措施，管理状态与保护级别极不相符，应尽快完善。

2. 保护范围与建设控制地带管理工作方面

公布的保护范围没有起到有效的作用，缺乏对居民活动的行为限定，存在较大消防安全隐患。

保护范围内土地产权不清，多处文物建筑居民占用至今未能迁出，无法有效进行管理。

3. 文物古迹管理机构的组织建设方面

管理人员力量薄弱，职责不明确。

管理规范、管理制度不完善健全。

保护人员的专业素质及管理、保护手段有待进一步提高。

文物保护管理机构严重缺乏保护经费和相关资源投入。

第五章　展示利用评估

第一节　对外开发利用情况

多伦诺尔古建筑群目前只有山西会馆正式对外开放，由于单一规模相对较小，陈列展览空间不足，现山西会馆游客量较少，经济效益微弱；清真北寺、清真中寺于1974—1979年由县伊斯兰协会接管，作为多伦穆斯林从事宗教活动的场所；兴隆寺、娘娘庙未对外开放；清真西寺、清真南寺、城隍庙、清代商号目前为居民个人使用，无对外开放利用。

第二节　展示利用情况

多伦诺尔古建筑群1987年收归文物部门管理，长期以来以保护监管为主，未进行妥善有效的维修和利用，目前仅山西会馆对外开放，会馆院落内西侧建有一处约100平方米多伦晋商博物馆展厅，建筑形式为仿古建筑，主要展示多伦晋商活动，院落其他文物建筑多以文物本体展示为主。

第三节　主要问题

多伦诺尔古建筑群部分历史时期重要历史事件所依托的建筑物因产权使用权关系不明晰，被居民占用，展示空间不足，损害了文物建筑的历史价值。

周边环境被现代化建筑及商业气息所破坏，无法形成对多伦诺尔古建筑群历史氛围的烘托效应；不利于展示文物的历史价值。

有关多伦诺尔古建筑群的学术研究成果不足，不能为相关展示和开发利用提供强有力支持。

相关文物物品比较匮乏；陈列展览的手段、方法、设备还相对陈旧、落后，不能充分地体现所展示文物的价值。

第六章　综合危害因素分析

综上所述，多伦诺尔古建筑群文物本体和历史环境的主要危害影响为以下两个方面：自然影响因素和人为破坏因素，每方面又可分出若干具体的破坏因素，列表如下。

根源	内容		影响对象	重要性	紧迫性
自然因素	火灾威胁		清代建筑、民国建筑及其他建筑整体，包括院落内树木	严重	紧迫
	雷击威胁		清代建筑、民国建筑及其他建筑整体，包括院落内树木	严重	紧迫
	地震力		清代建筑、民国建筑及其他建筑整体	严重	不紧迫
	雹灾		所有建筑屋面	不严重	不紧迫
	雨水侵蚀		檐柱、墙砖、地砖等砖石构件	较严重	较紧迫
	建筑物自然老化		文物建筑整体	较严重	一般
人为因素	多伦诺尔古建筑群	防灾设备不完备	无法应对火灾、雷击等灾害	严重	紧迫
		简陋电力设施可能造成火灾隐患	局部或文物建筑整体	严重	紧迫
		保护区划设置不完善	保护范围环境状况的控制	严重	紧迫
		缺乏现代化的有效的安防技术手段	可移动文物或建筑构件，或文物建筑整体	一般	较紧迫
		缺乏针对大型活动期间突发事件的紧急预案	人员安全，文物安全	严重	不紧迫
		管理机构资金不足	保护和管理工作水平	较严重	较紧迫
		缺乏与多伦诺尔古建筑群密切相关的展示主题，展示设施缺乏吸引力	文物价值在社会公众的传播	一般	不紧迫
		游览空间较小，缺乏旅游配套设施，承载力不足	文物价值在社会公众的传播	较严重	较紧迫

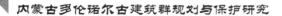

续　表

根源		内容	影响对象	重要性	紧迫性
人为因素	多伦诺尔古建筑群	传统民俗活动尚待恢复	历史文化的承传及其社会价值的发扬	一般	不紧迫
		无有价值有特色的旅游纪念品	历史文化的承传及其社会价值的发扬	一般	不紧迫
	环境周边	周边建筑挤占文物保护用地	文物建筑安全	严重	紧迫
		周边新建筑过多，风貌与多伦诺尔古建筑群不协调	多伦诺尔古建群建筑风貌	较严重	一般
		周边现代化商业氛围较浓，影响文化环境	多伦诺尔古建群所依存的历史环境	较严重	较紧迫
		市政有关部门对文物保护单位缺乏整体认识	多伦诺尔古建群及其所依存环境的真实性和延续性	较严重	较紧迫
		周边群众缺乏相应的文物保护意识	多伦诺尔古建群及其所依存环境的真实性和延续性	较严重	较紧迫

第七章　评估图

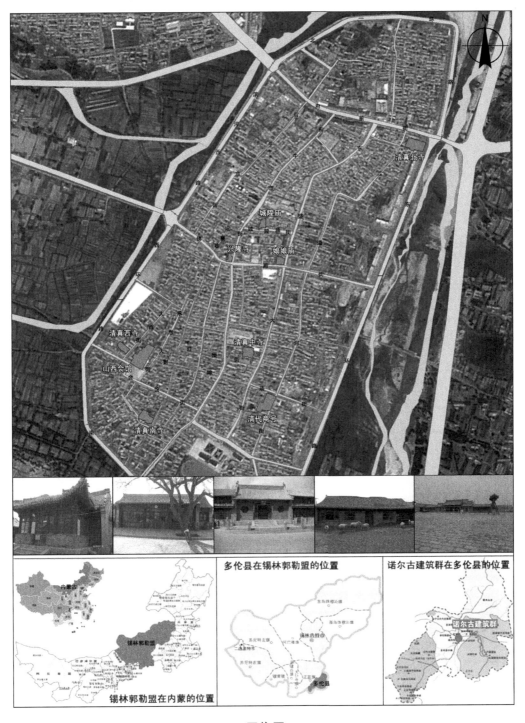

区位图

旅游资源分布图

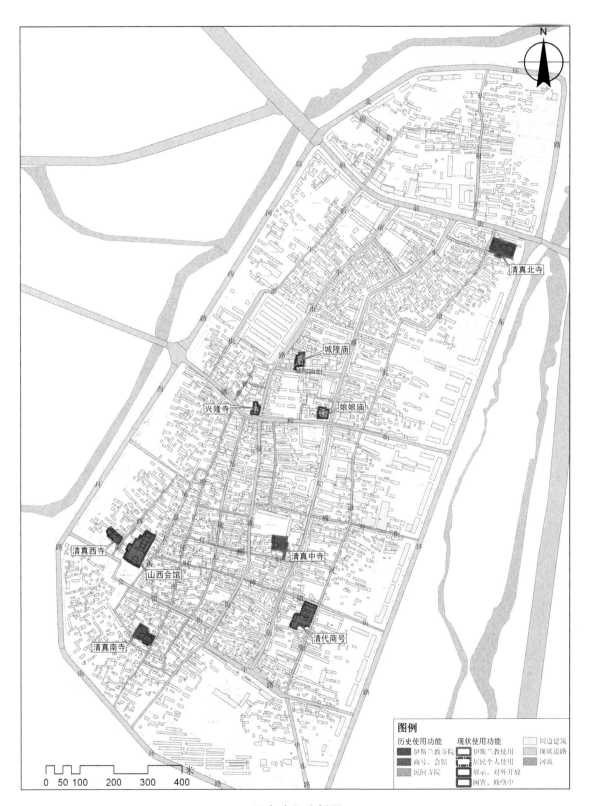

历史功能分析图

相对价值认定图

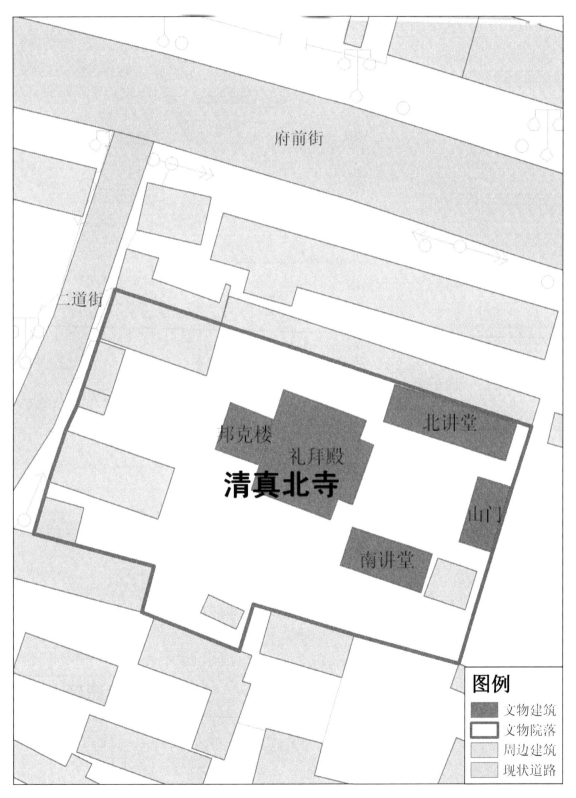

府前街

二道街

邦克楼

礼拜殿

北讲堂

清真北寺

山门

南讲堂

图例

文物建筑
文物院落
周边建筑
现状道路

文物建筑现状分布图——清直北寺

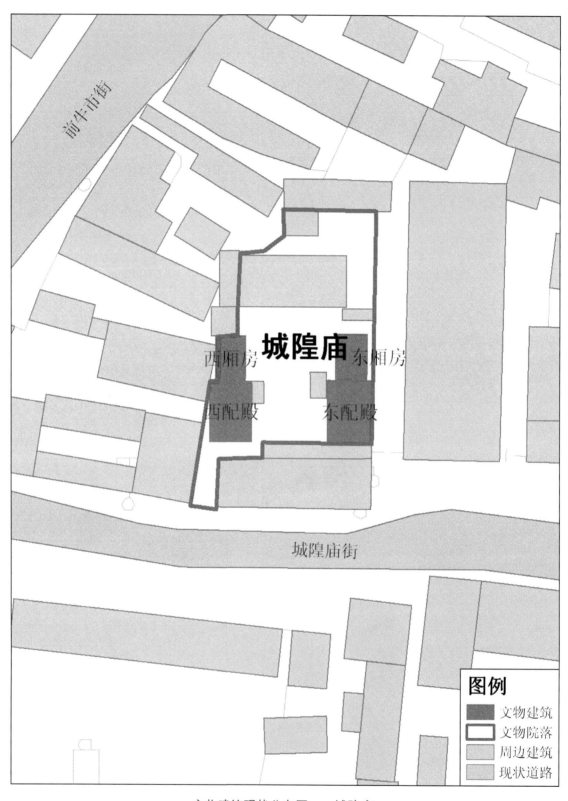

西厢房　城隍庙　东厢房

西配殿　　　东配殿

城隍庙街

图例

文物建筑
文物院落
周边建筑
现状道路

前牛市街

文物建筑现状分布图——城隍庙

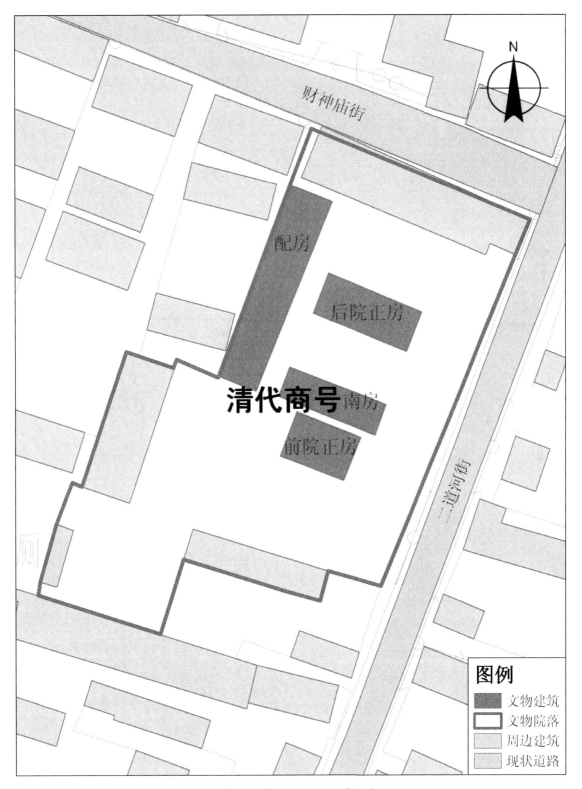

财神庙街

N

配房

后院正房

清代商号 南房

前院正房

二道河街

图例

文物建筑
文物院落
周边建筑
现状道路

文物建筑现状分布图——清代商号

文物建筑现状分布图——娘娘庙

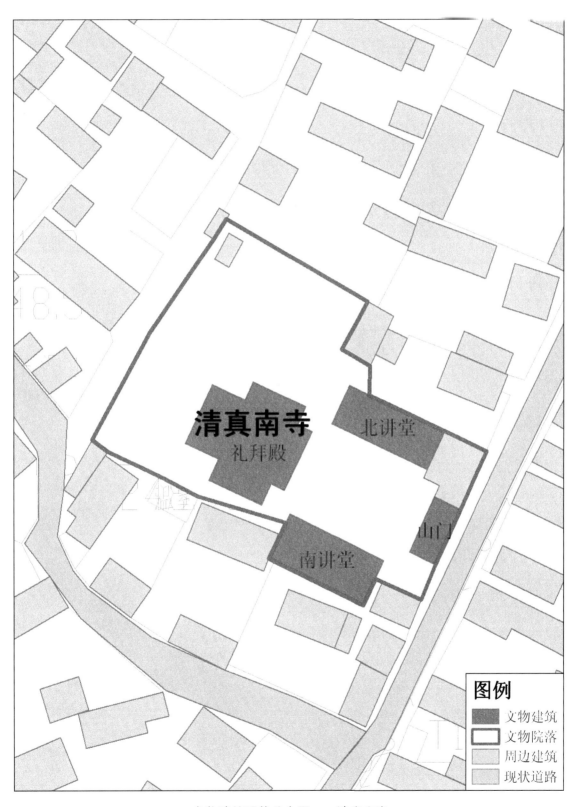

清真南寺

礼拜殿

北讲堂

南讲堂

山门

图例

文物建筑
文物院落
周边建筑
现状道路

文物建筑现状分布图——清真南寺

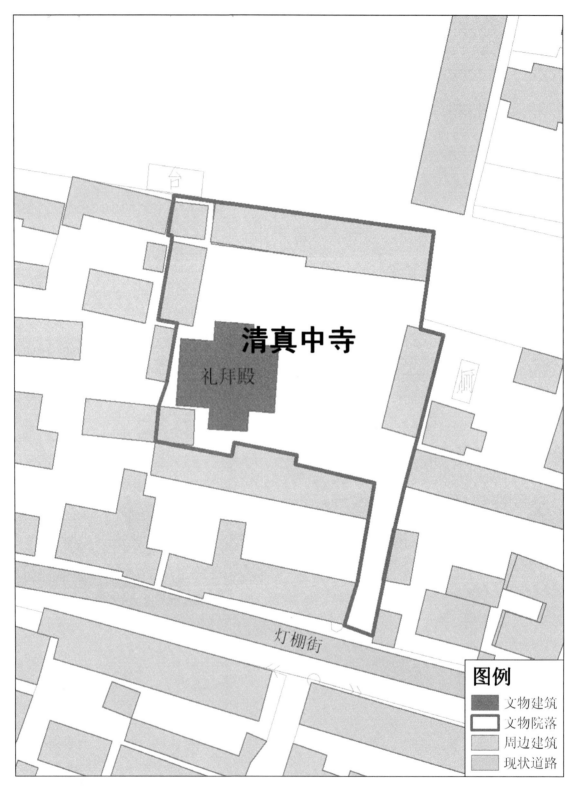

清真中寺

礼拜殿

灯棚街

图例

■ 文物建筑
□ 文物院落
■ 周边建筑
■ 现状道路

文物建筑现状分布图——清真中寺

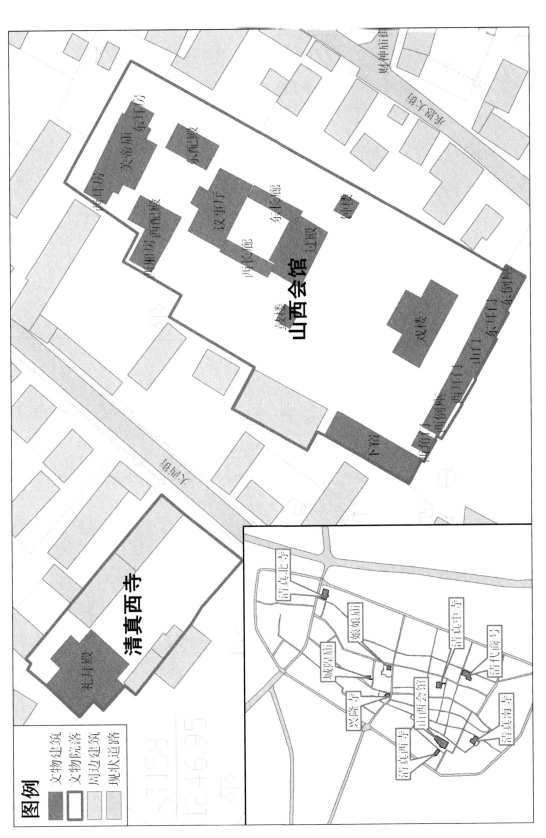

文物建筑现状分布图——清真西寺、山西会馆

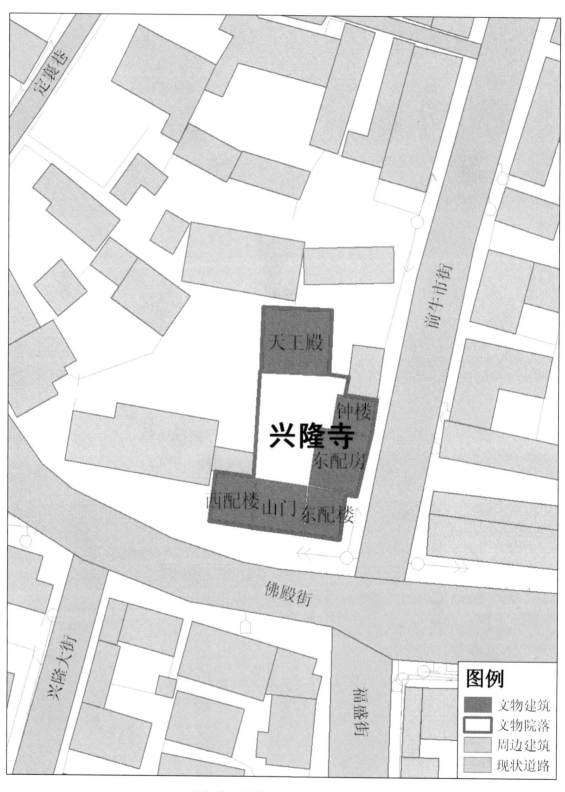

文物建筑现状分布图——兴隆寺

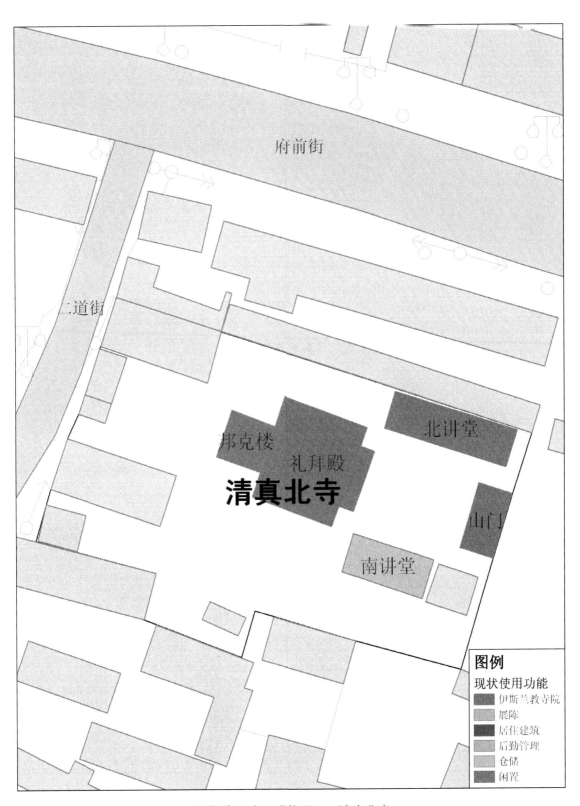

府前街

二道街

邦克楼

礼拜殿

清真北寺

北讲堂

山门

南讲堂

图例

现状使用功能

伊斯兰教寺院
展陈
居住建筑
后勤管理
仓储
闲置

文物建筑功能现状图——清真北寺

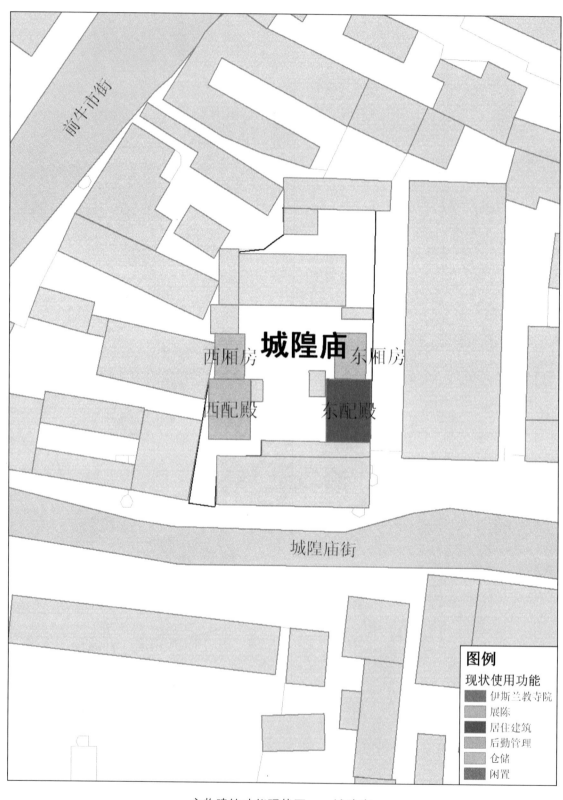

前牛市街

城隍庙

西厢房　　　　　东厢房

西配殿　　　东配殿

城隍庙街

图例

现状使用功能

伊斯兰教寺院
展陈
居住建筑
后勤管理
仓储
闲置

文物建筑功能现状图——城隍庙

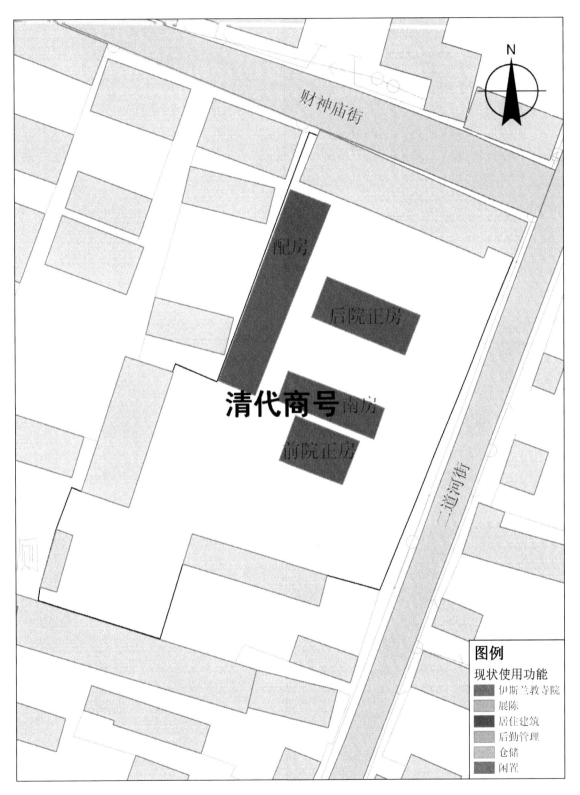

财神庙街

配房

后院正房

清代商号南房

前院正房

二道河街

N

图例

现状使用功能

■ 伊斯兰教寺院
■ 展陈
■ 居住建筑
■ 后勤管理
■ 仓储
■ 闲置

文物建筑功能现状图——清代商号

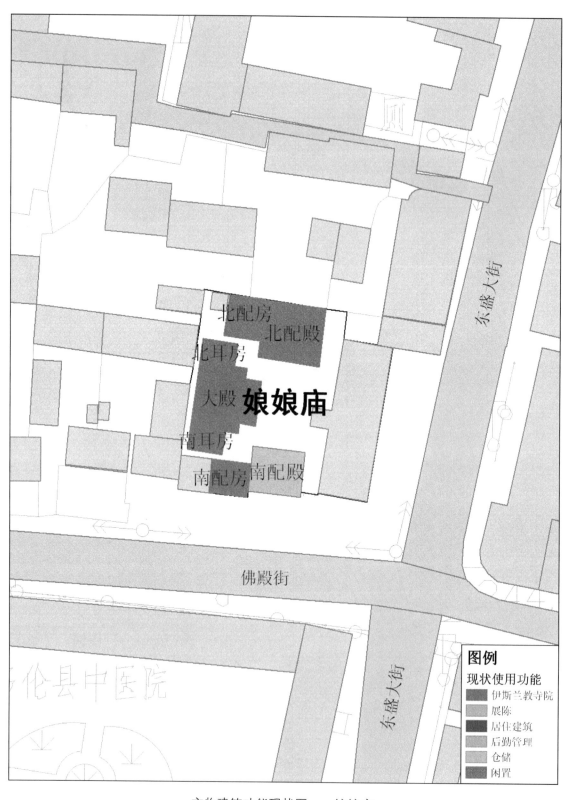

文物建筑功能现状图——娘娘庙

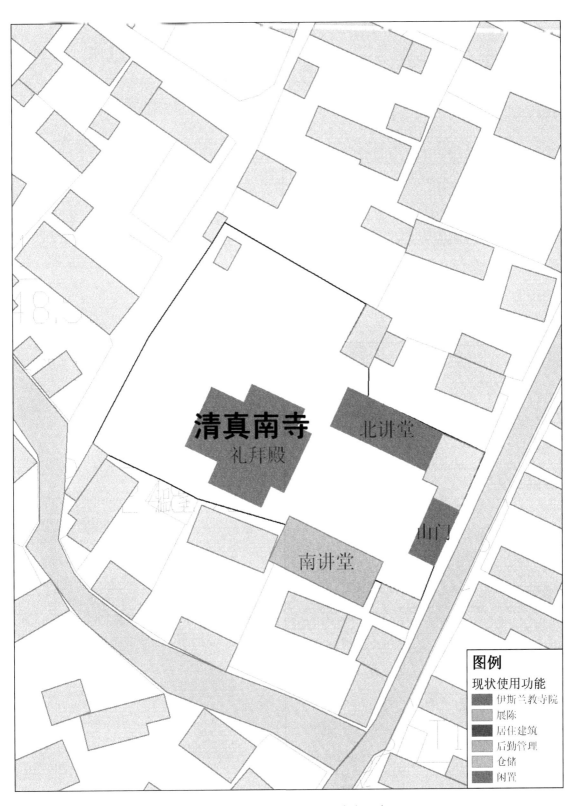

图例

现状使用功能

- 伊斯兰教寺院
- 展陈
- 居住建筑
- 后勤管理
- 仓储
- 闲置

文物建筑功能现状图——清真面寺

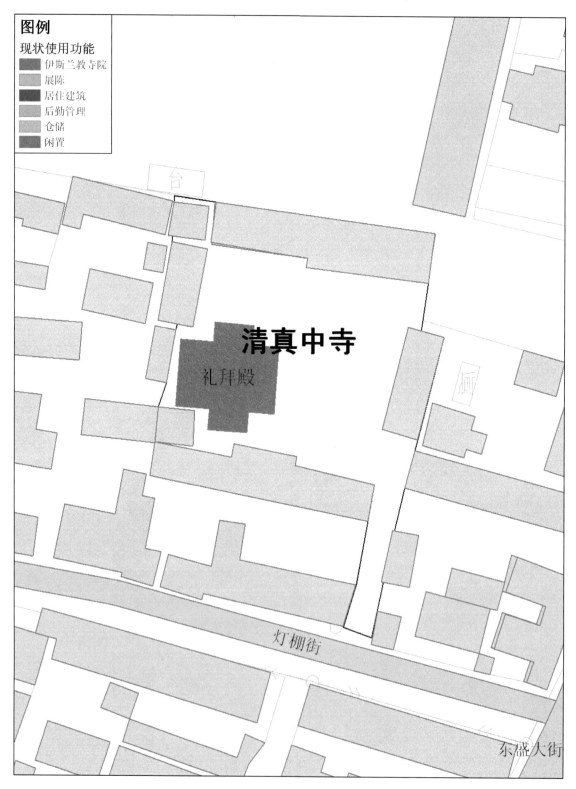

图例

现状使用功能

- 伊斯兰教寺院
- 展陈
- 居住建筑
- 后勤管理
- 仓储
- 闲置

清真中寺

礼拜殿

灯棚街

东盛大街

文物建筑功能现状图——清真中寺

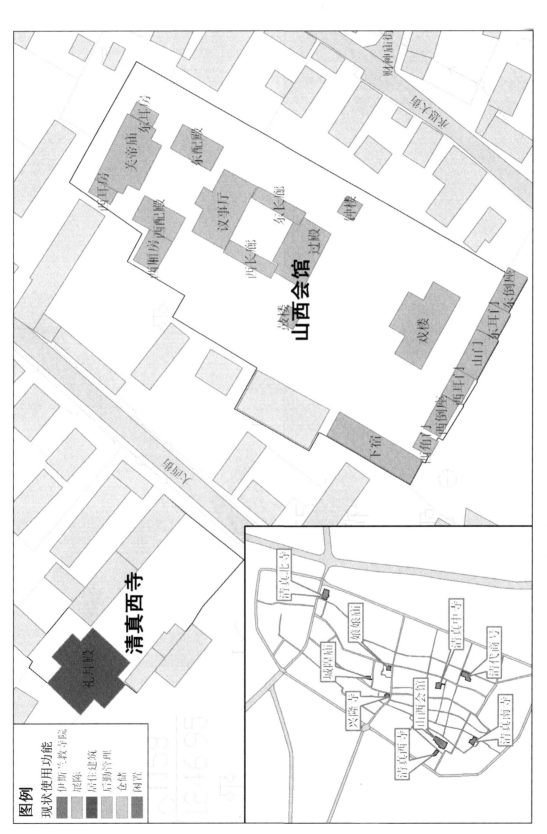

图例

现状使用功能

- 伊斯兰教学院
- 废弃
- 居住建筑
- 后勤管理
- 会馆
- 闲置

清真西寺

礼拜殿

山西会馆

教楼　关帝庙　东耳房　西耳房　东配殿　议事厅　西厢房西配殿　西长廊　东长廊　过殿　御碑　戏楼　山门　东耳门　东倒座房　西耳门　西倒座房　马角门　下看

文物建筑功能现状图——清真西寺、山西会馆

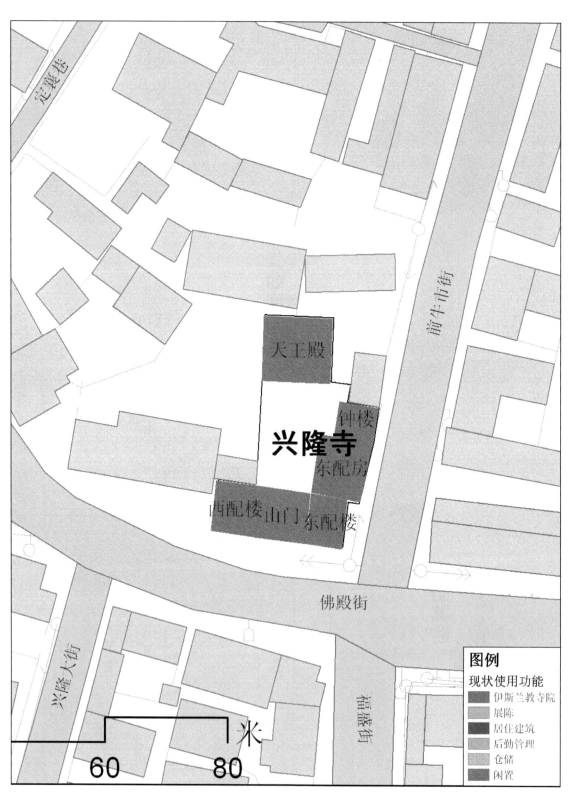

文物建筑功能现状图——兴隆寺

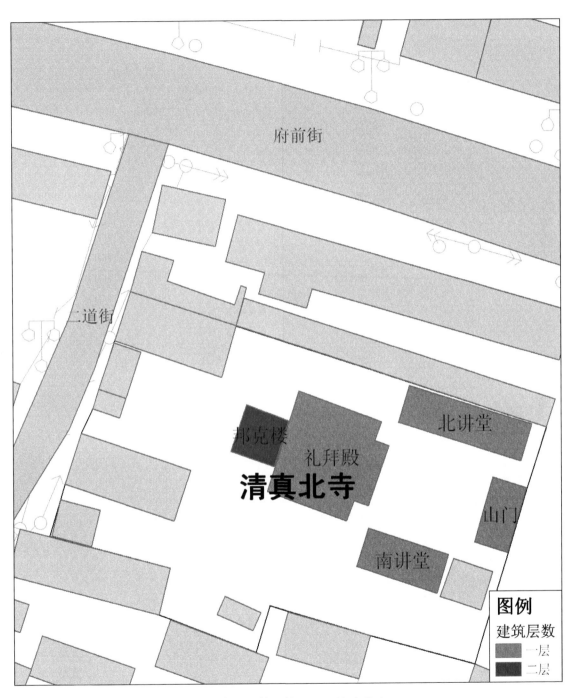

府前街

二道街

邦克楼

礼拜殿

北讲堂

清真北寺

山门

南讲堂

图例

建筑层数

一层

二层

文物建筑层数现状图——清真北寺

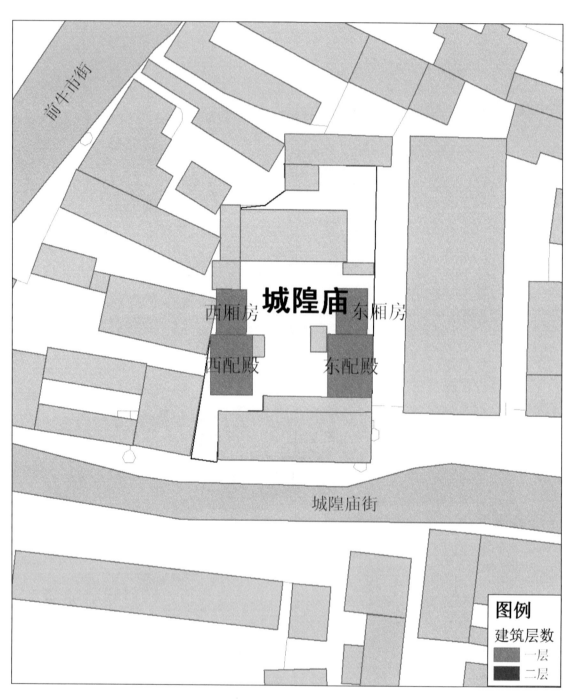

文物建筑层数现状图——城隍庙

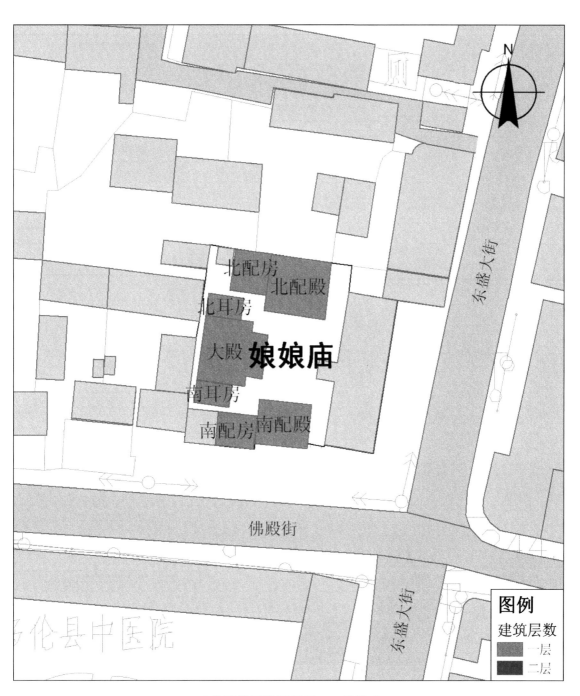

文物建筑层数现状图——娘娘庙

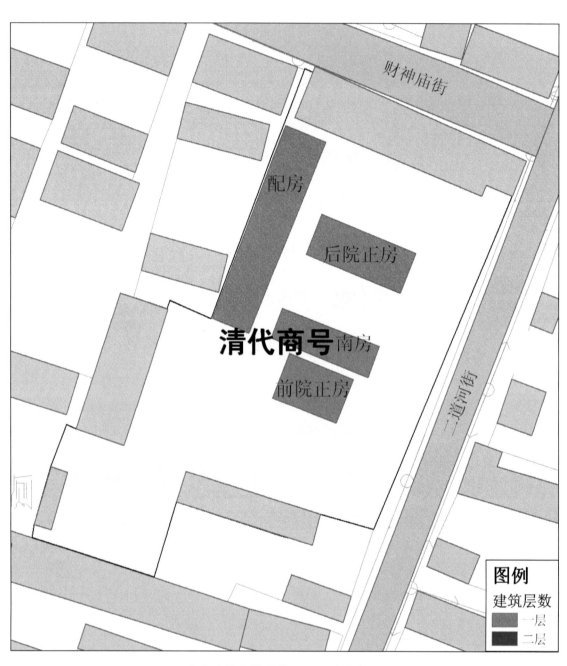

文物建筑层数现状图——清代商号

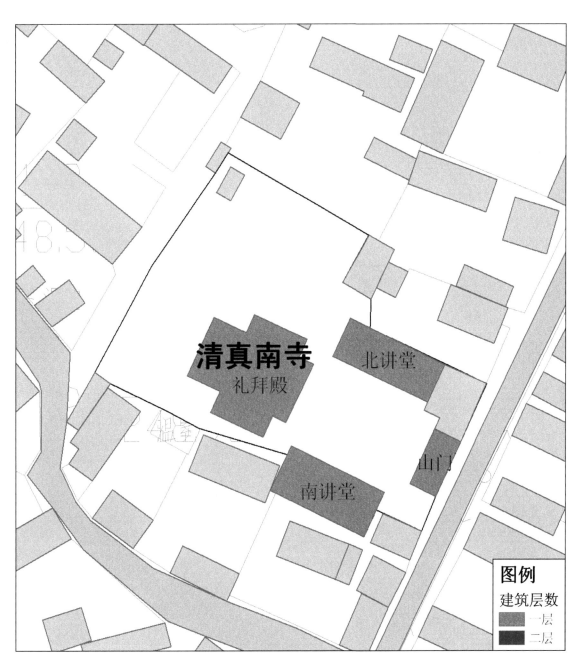

图例
建筑层数

一层
二层

清真南寺
礼拜殿
北讲堂
南讲堂
山门

文物建筑层数现状图——清真南寺

91

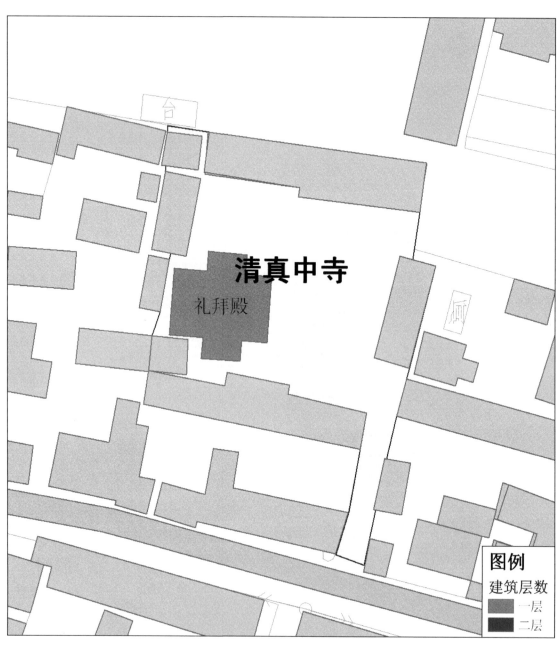

清真中寺

礼拜殿

图例

建筑层数

一层

二层

文物建筑层数现状图——清真中寺

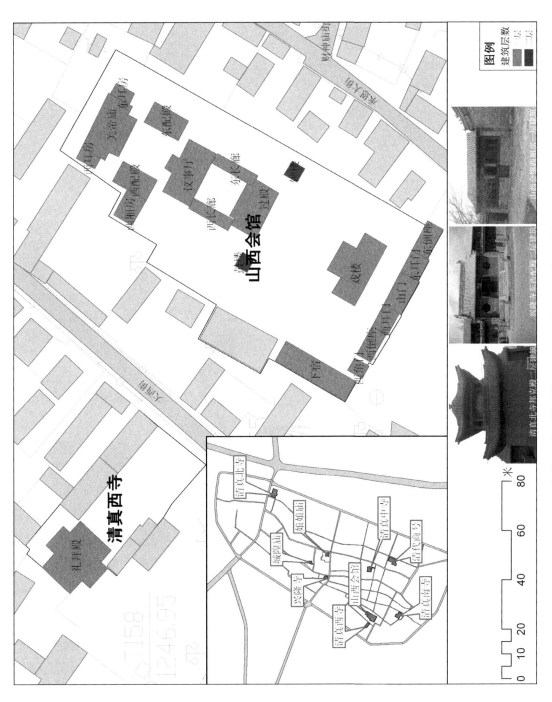

文物建筑层数现状图——清真西寺、山西会馆

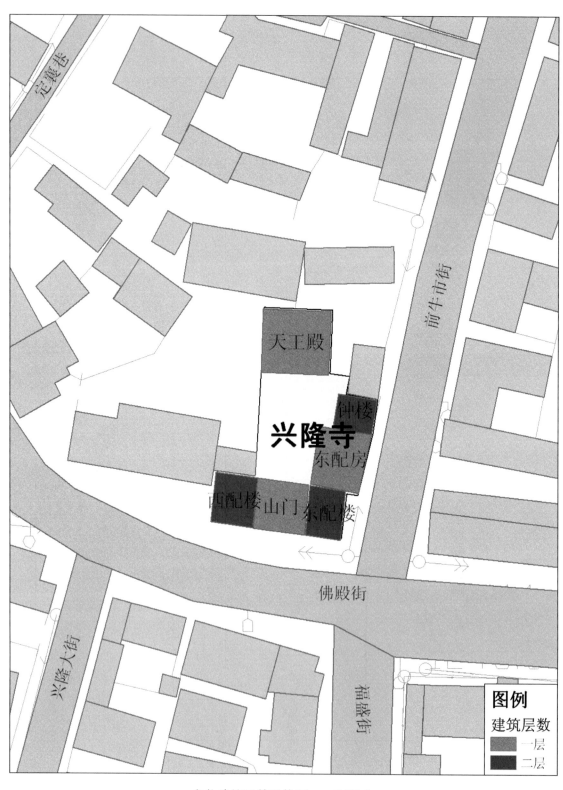

文物建筑层数现状图——兴隆寺

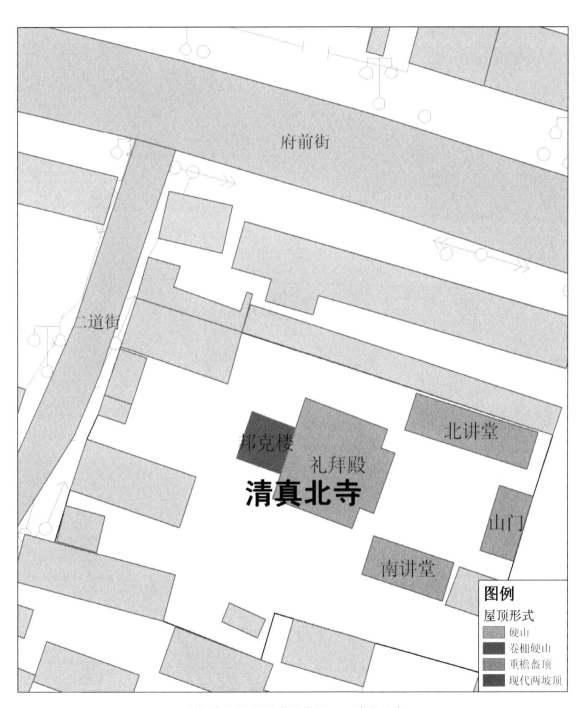

府前街

二道街

邦克楼

礼拜殿

清真北寺

北讲堂

山门

南讲堂

图例

屋顶形式

硬山

卷棚硬山

重檐盝顶

现代两坡顶

文物建筑屋顶形式现状图——清真北寺

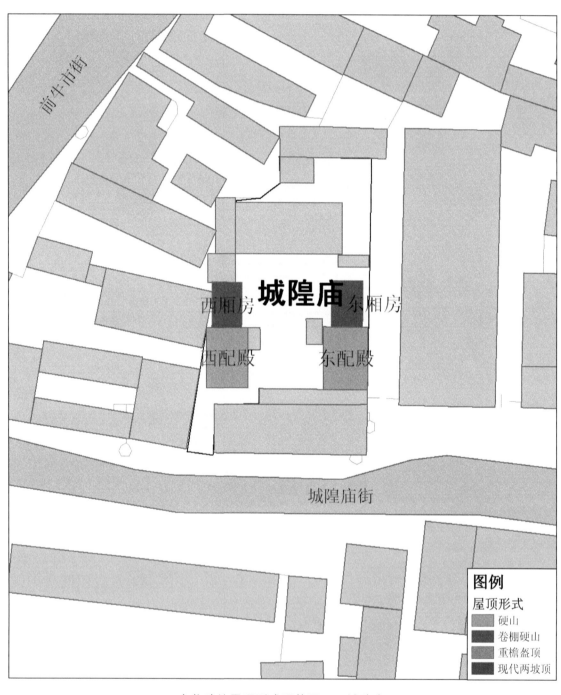

西厢房　城隍庙　东厢房

西配殿　　　东配殿

城隍庙街

图例

屋顶形式

硬山
卷棚硬山
重檐盝顶
现代两坡顶

文物建筑屋顶形式现状图——城隍庙

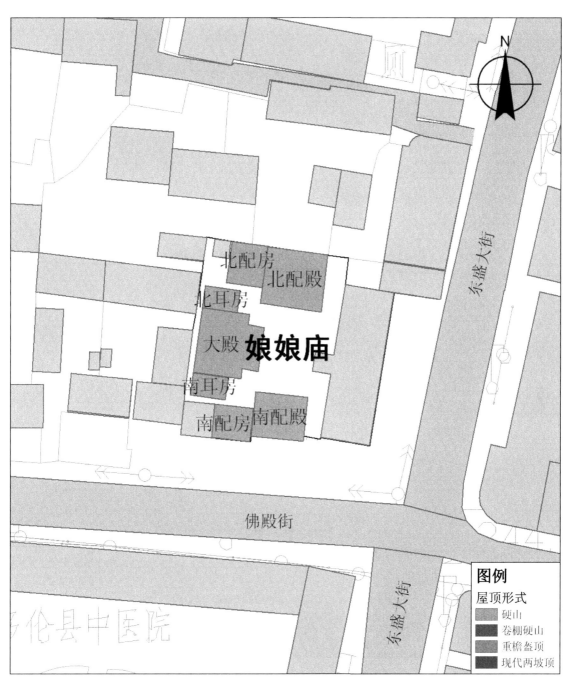

文物建筑屋顶形式现状图——娘娘庙

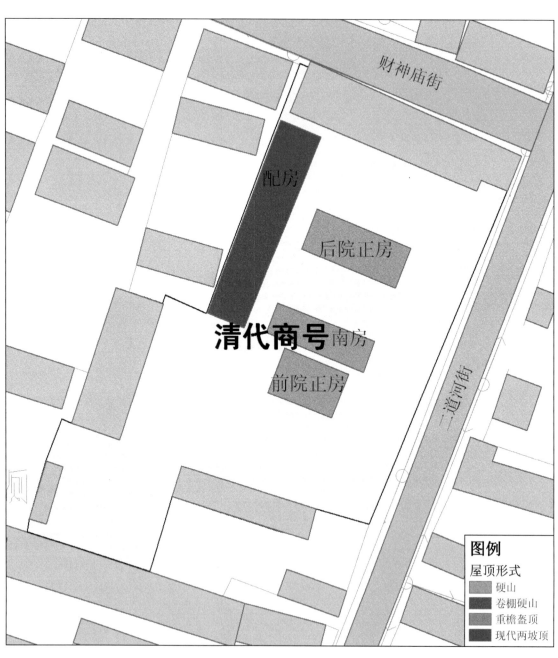

财神庙街

配房

后院正房

清代商号 南房

前院正房

二道河街

图例

屋顶形式

硬山

卷棚硬山

重檐盝顶

现代两坡顶

文物建筑屋顶形式现状图——清代商号

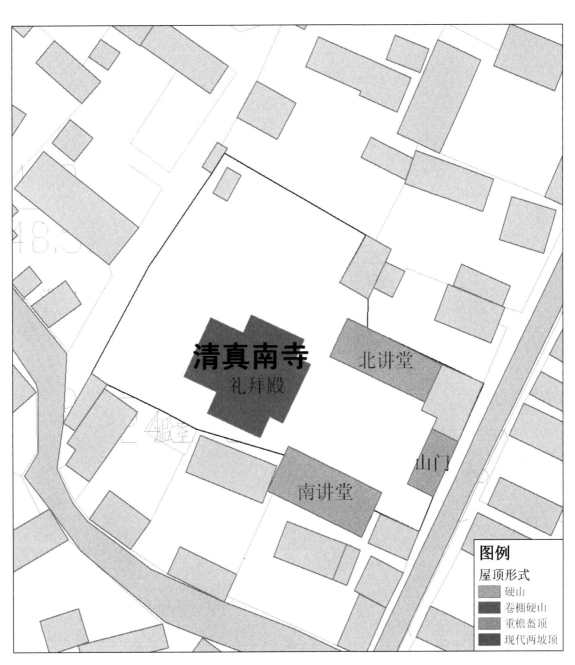

文物建筑屋顶形式现状图——清真南寺

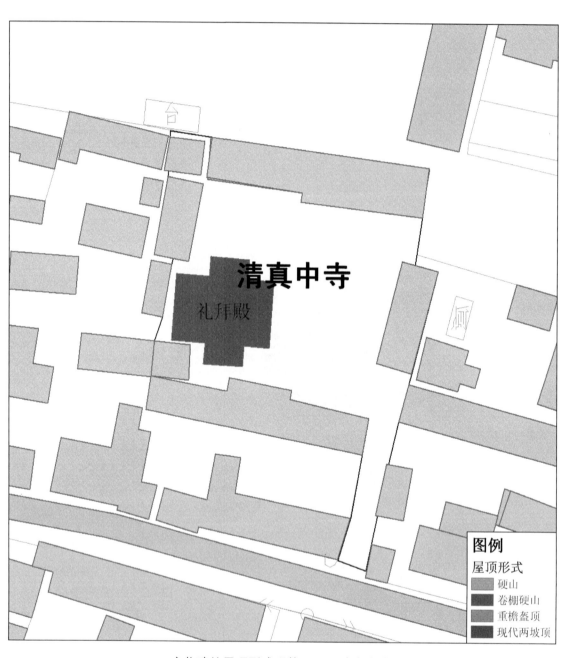

清真中寺

礼拜殿

图例

屋顶形式

硬山

卷棚硬山

重檐盝顶

现代两坡顶

文物建筑屋顶形式现状图——清真中寺

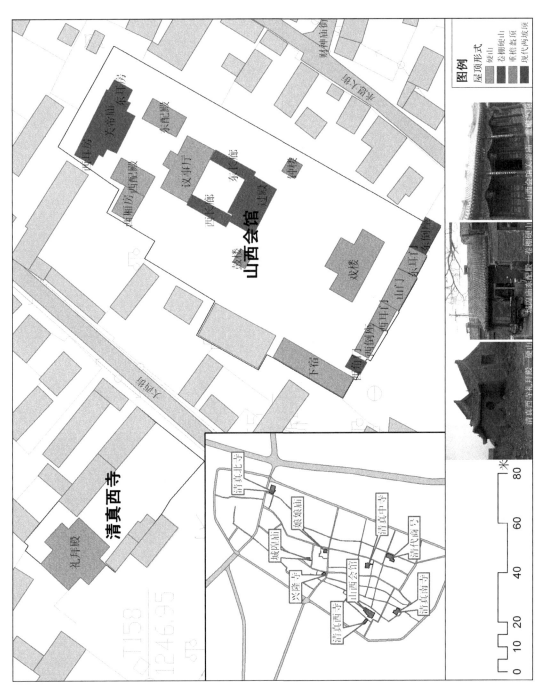

文物建筑屋顶形式现状图——清真西寺、山西会馆

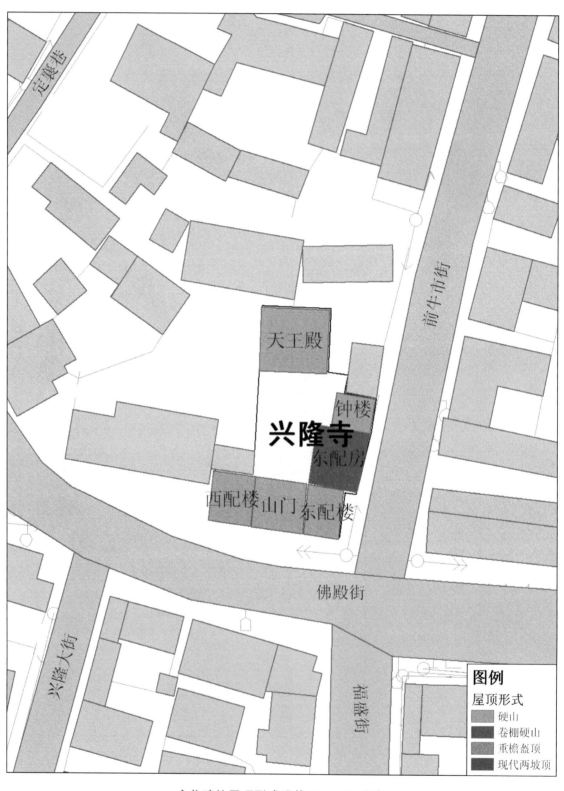

天王殿

钟楼

兴隆寺

东配房

西配楼 山门 东配楼

定襄巷

前牛市街

佛殿街

兴隆大街

福盛街

图例

屋顶形式

硬山

卷棚硬山

重檐盝顶

现代两坡顶

文物建筑屋顶形式现状图——兴隆寺

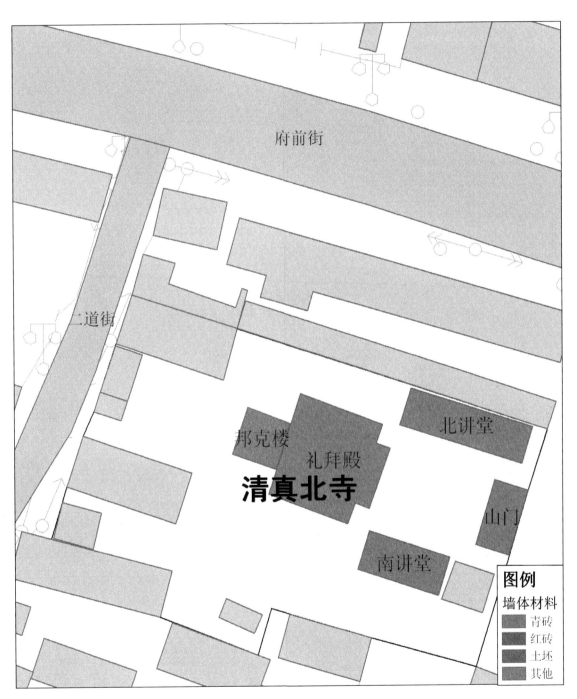

府前街

二道街

邦克楼

礼拜殿

清真北寺

北讲堂

山门

南讲堂

图例

墙体材料

青砖
红砖
土坯
其他

文物建筑墙体材料现状图——清真北寺

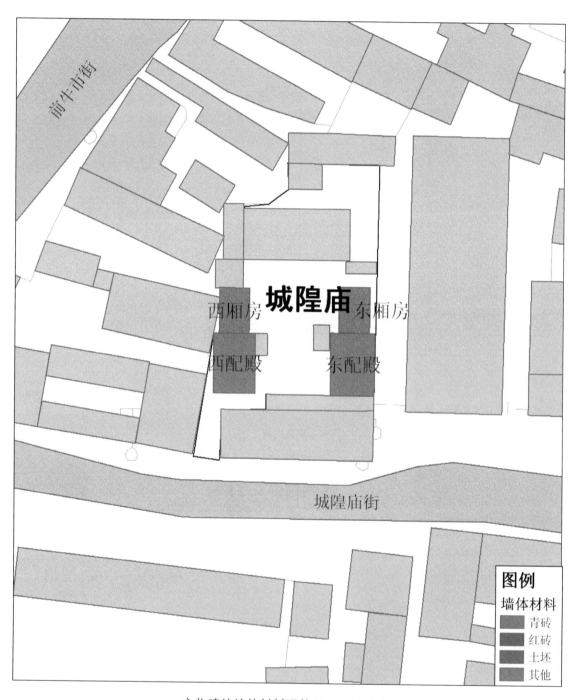

文物建筑墙体材料现状图——城隍庙

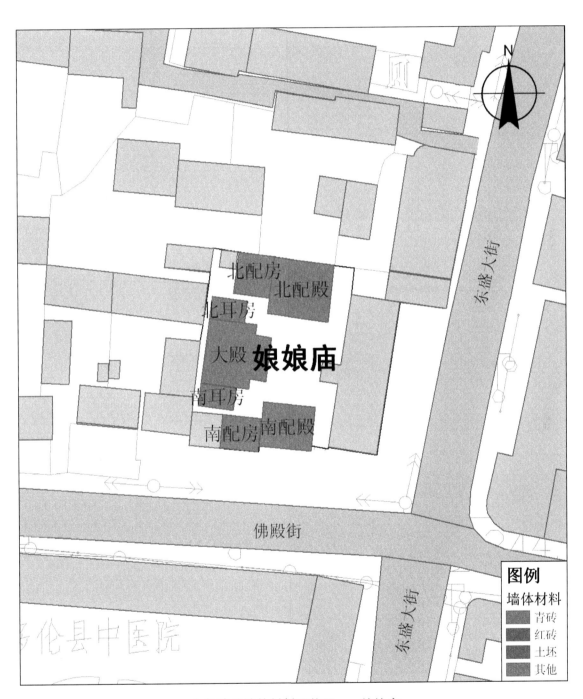

北配房
北配殿
北耳房
大殿 娘娘庙
南耳房
南配房 南配殿

东盛大街

佛殿街

东盛大街

多伦县中医院

图例
墙体材料
青砖
红砖
土坯
其他

文物建筑墙体材料现状图——娘娘庙

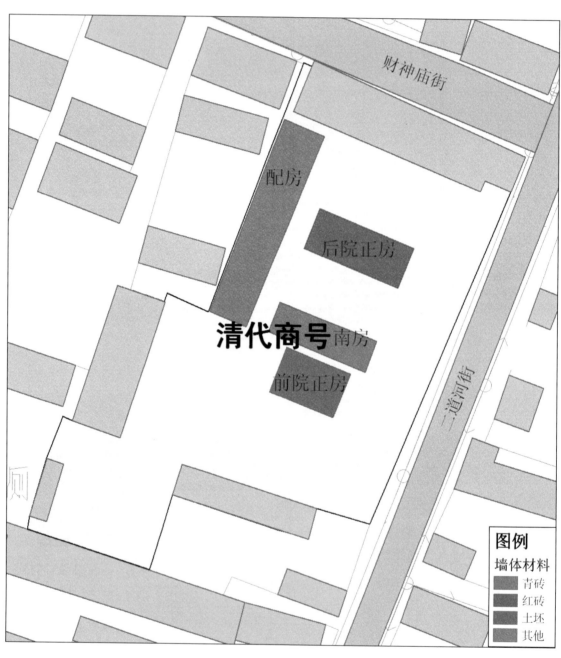

财神庙街

配房

后院正房

清代商号 南房

前院正房

二道河街

厕

图例

墙体材料

青砖
红砖
土坯
其他

文物建筑墙体材料现状图——清代商号

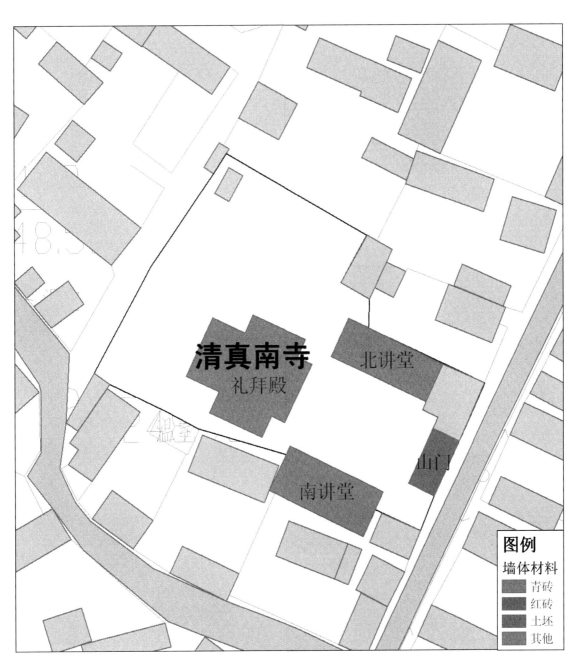

文物建筑墙体材料现状图——清真南寺

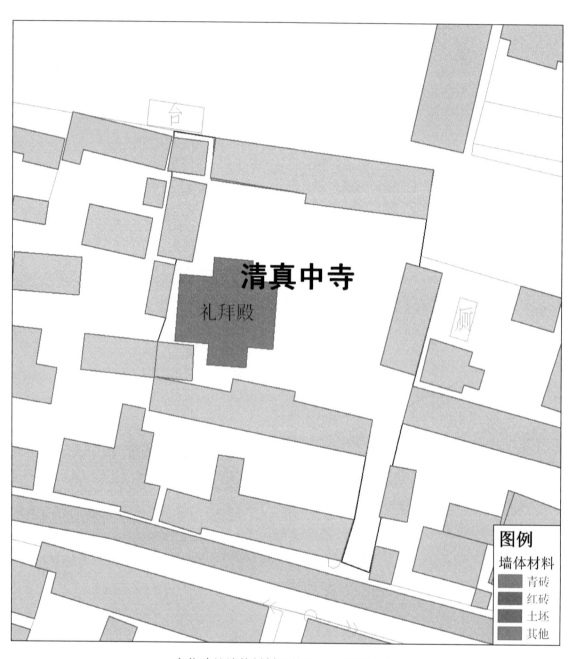

文物建筑墙体材料现状图——清真中寺

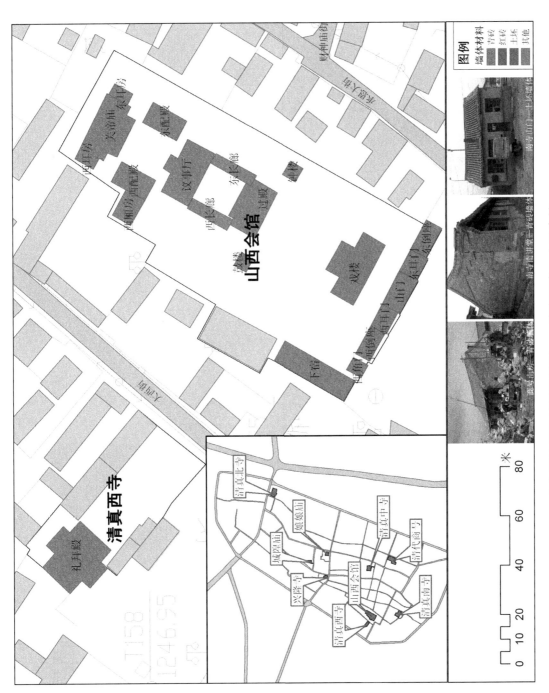

文物建筑墙体材料现状图——清真西寺、山西会馆

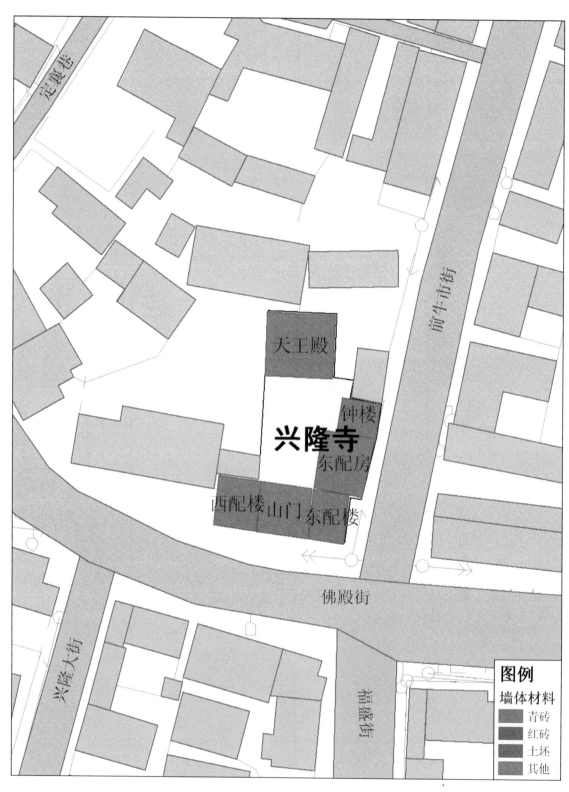

文物建筑墙体材料现状图——兴隆寺

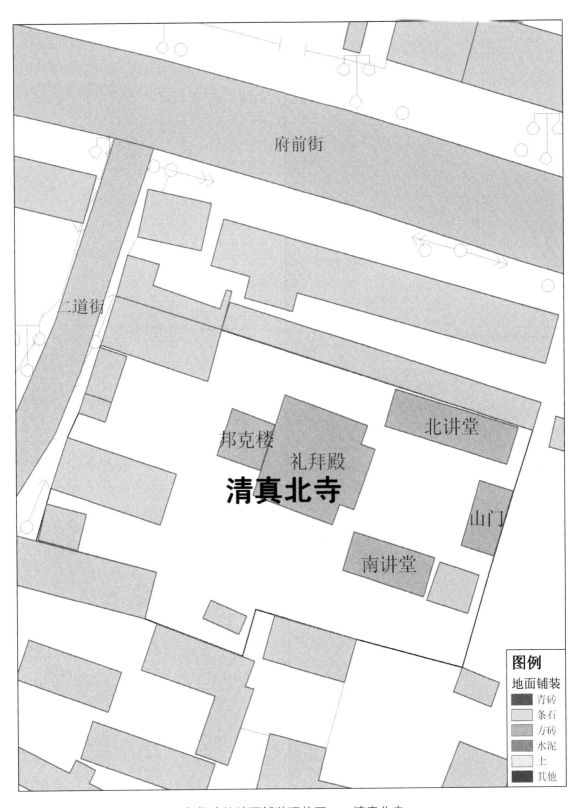

府前街

二道街

邦克楼

礼拜殿

清真北寺

北讲堂

山门

南讲堂

图例

地面铺装

青砖
条石
方砖
水泥
土
其他

文物建筑地面铺装现状图——清真北寺

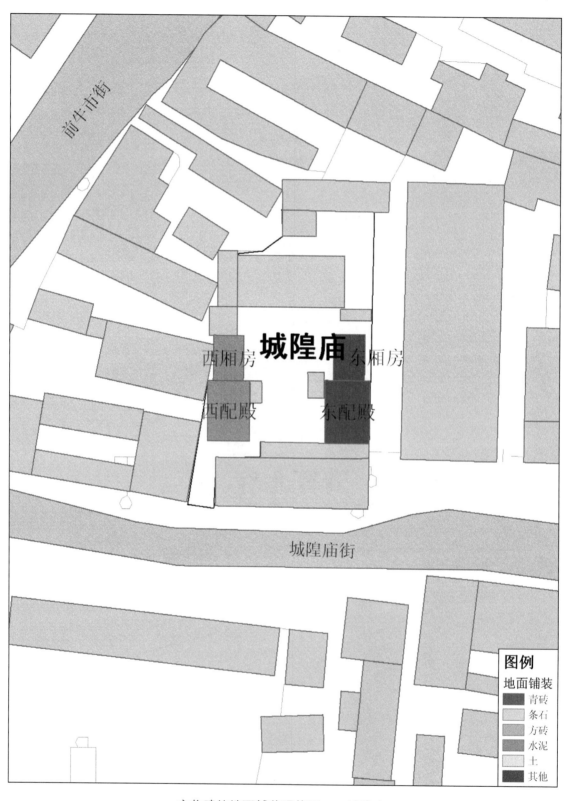

文物建筑地面铺装现状图——城隍庙

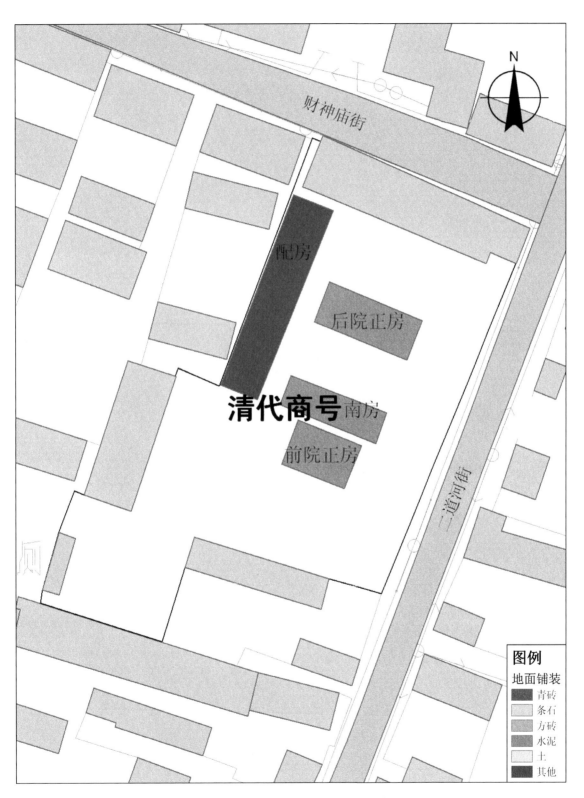

文物建筑地面铺装现状图——清代商号

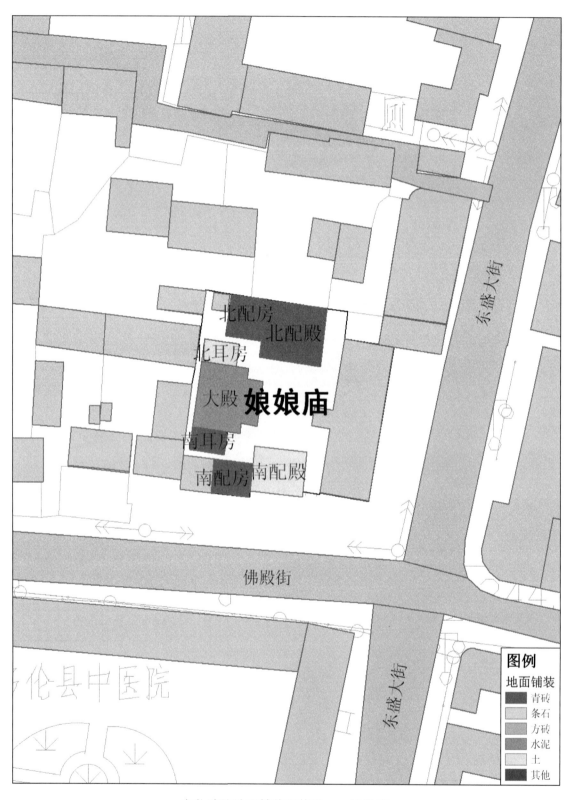

文物建筑地面铺装现状图——娘娘庙

清真南寺

礼拜殿

北讲堂

山门

南讲堂

图例

地面铺装

青砖
条石
方砖
水泥
土
其他

文物建筑地面铺装现状图——清真南寺

文物建筑地面铺装现状图——清真中寺

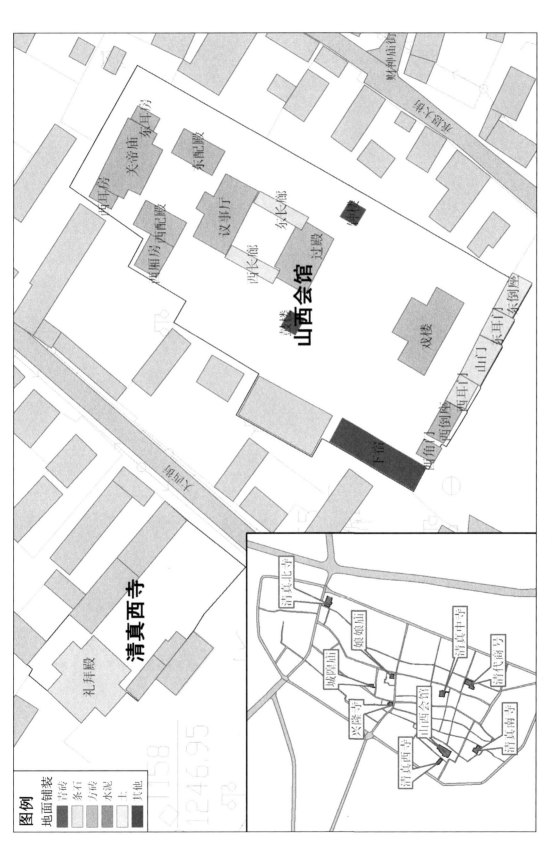

图例
地面铺装
青砖
条石
方砖
水泥
土
其他

关帝庙 东耳房
东配殿
议事厅
东长廊
西耳房
西配殿
西厢房
四长廊
过殿
山西会馆
鼓楼
戏楼
神楼
东耳房
东倒座
西耳房
山门
西倒座
西角门
东角门
下沉

礼拜殿
清真西寺

文物建筑地面铺装现状图——清真西寺、山西会馆

清真北寺
娘娘庙
城隍庙
清真中寺
清代商号
兴隆寺
山西会馆
清真西寺
清真南寺

117

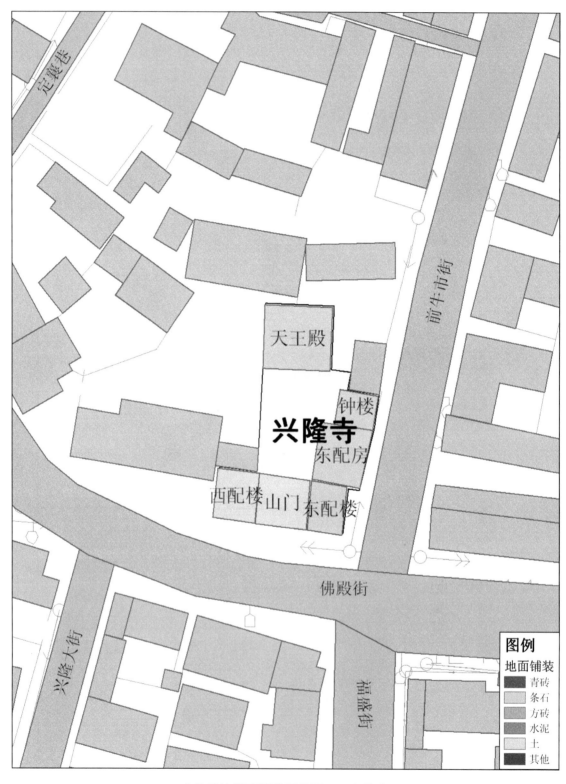

文物建筑地面铺装现状图——兴隆寺

府前街

二道街

邦克楼

北讲堂

礼拜殿

清真北寺

山门

北清真寺

南讲堂

图例

院落铺装材料

条石

条砖

水泥方砖

碎石土

土

文物院落铺装现状图——清真北寺

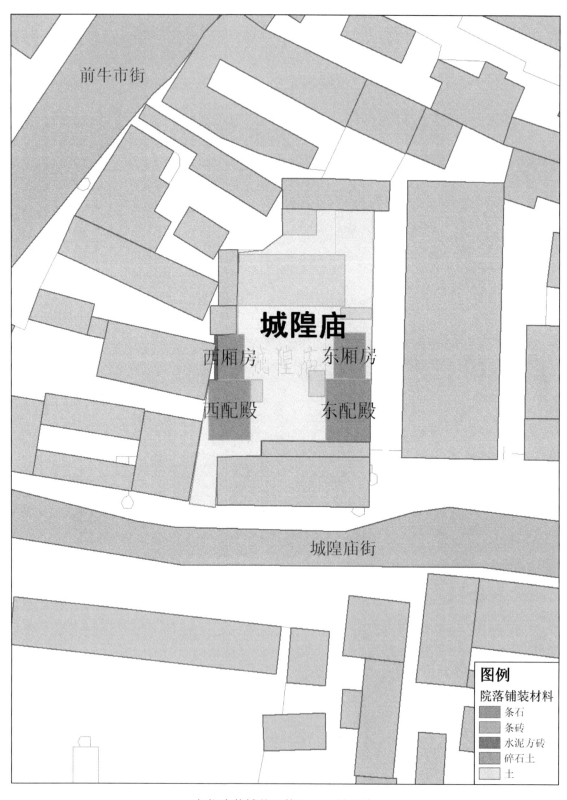

前牛市街

城隍庙

西厢房　东厢房

西配殿　　东配殿

城隍庙街

图例

院落铺装材料

- 条石
- 条砖
- 水泥方砖
- 碎石土
- 土

文物院落铺装现状图——城隍庙

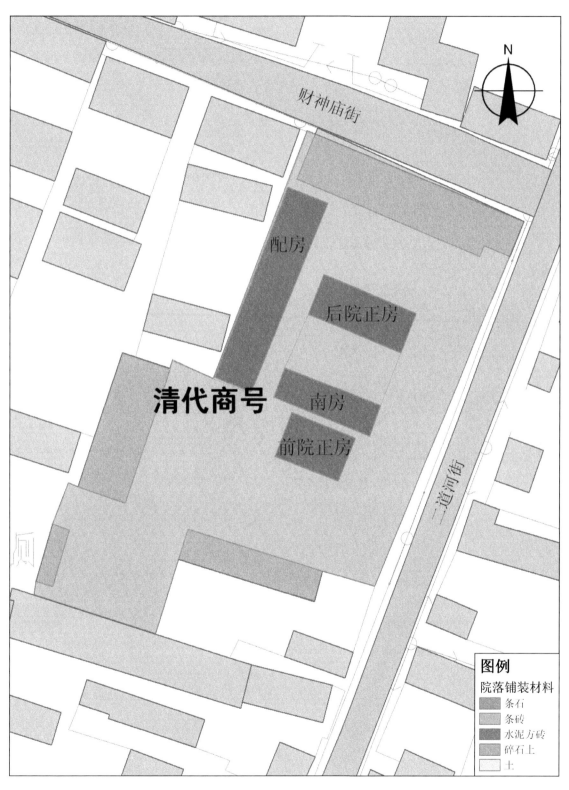

财神庙街

N

配房

后院正房

清代商号

南房

前院正房

二道河街

厕

图例

院落铺装材料

条石

条砖

水泥方砖

碎石土

土

文物院落铺装现状图——清代商号

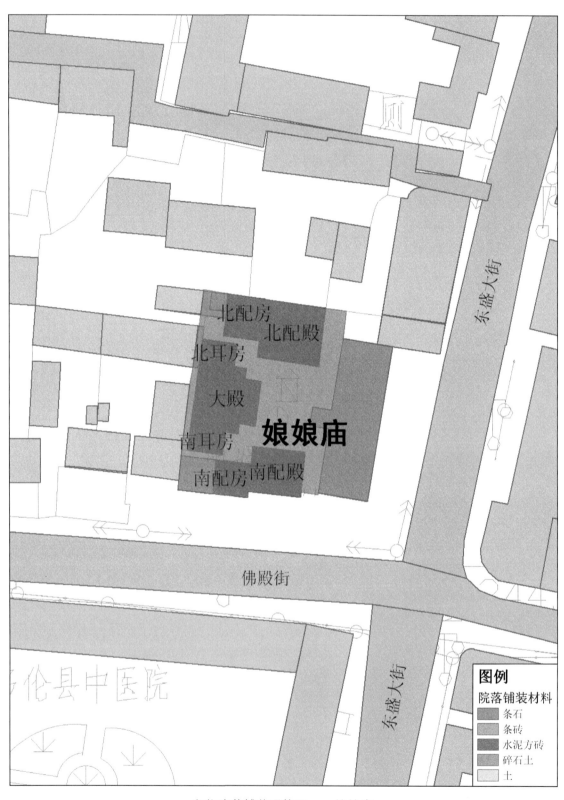

文物院落铺装现状图——娘娘庙

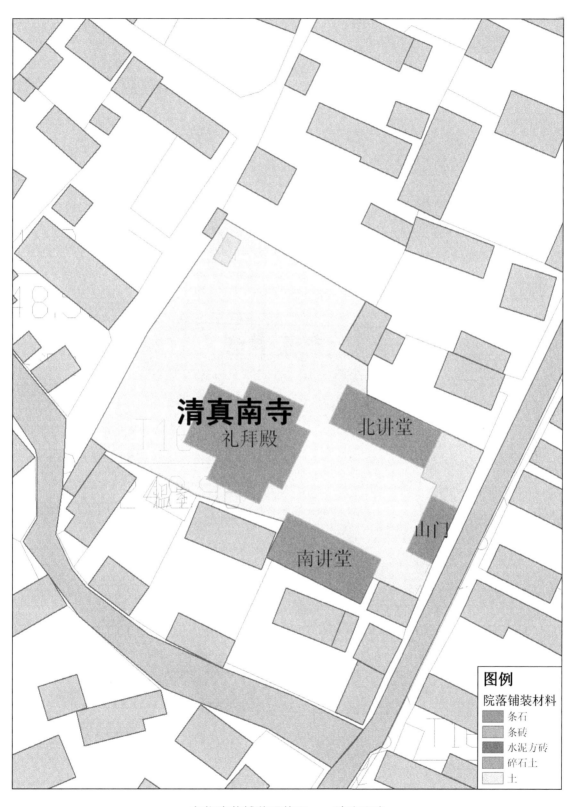

图例

院落铺装材料

- 条石
- 条砖
- 水泥方砖
- 碎石土
- 土

文物院落铺装现状图——清真南寺

123

清真中寺

礼拜殿

灯棚街

图例

院落铺装材料

- 条石
- 条砖
- 水泥方砖
- 碎石土
- 土

文物院落铺装现状图——清真中寺

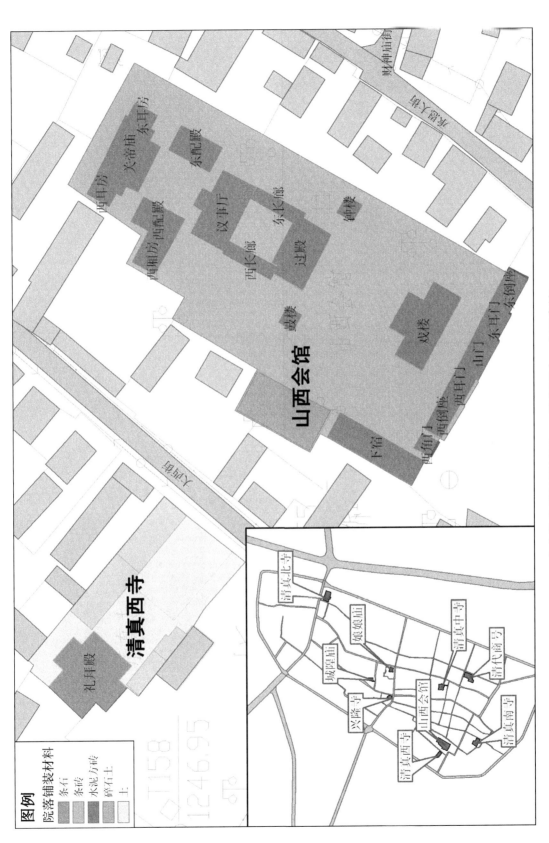

文物院落铺装现状图——清真西寺、山西会馆

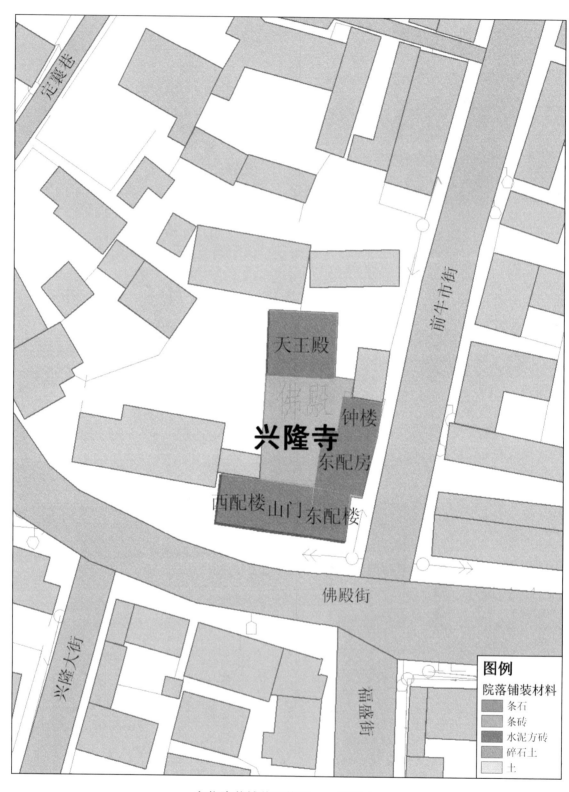

天王殿

佛殿

钟楼

兴隆寺

东配房

西配楼 山门 东配楼

佛殿街

图例

院落铺装材料

条石
条砖
水泥方砖
碎石土
土

文物院落铺装现状图——兴隆寺

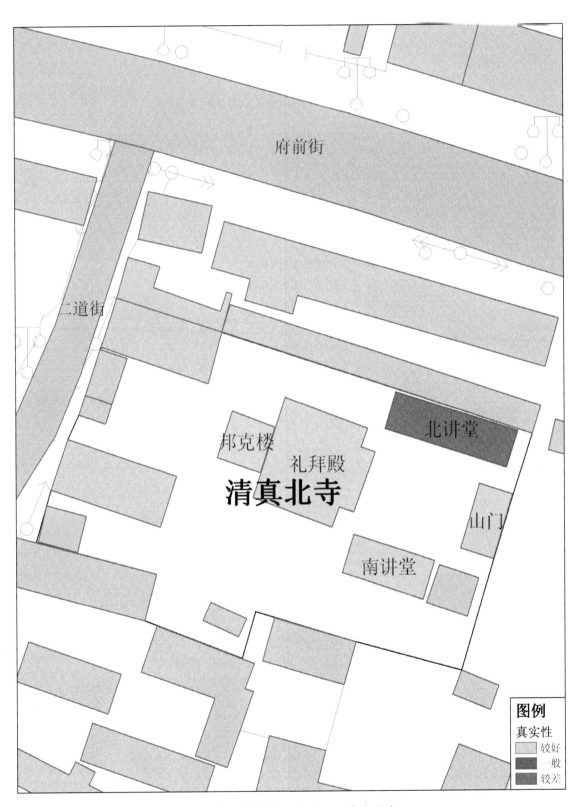

府前街

二道街

邦克楼

北讲堂

礼拜殿

清真北寺

山门

南讲堂

图例

真实性

较好

一般

较差

文物建筑真实性评估图——清真北寺

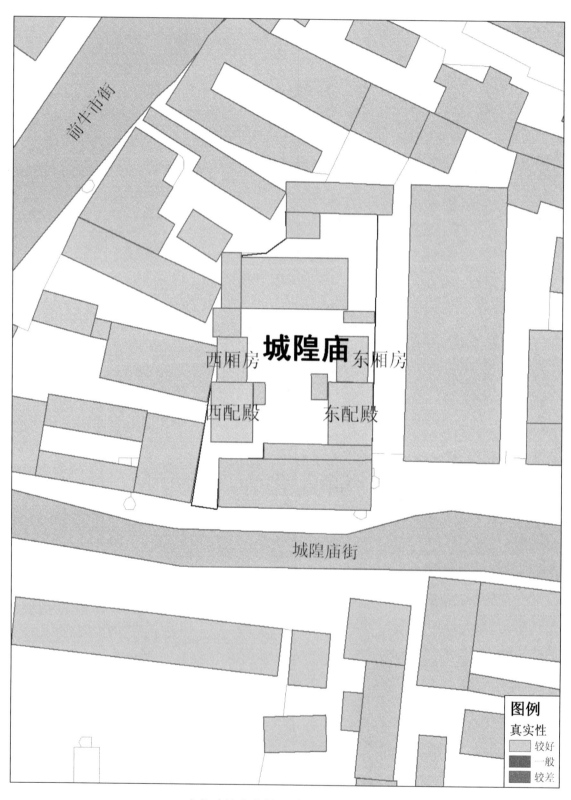

西厢房　城隍庙　东厢房

西配殿　　　东配殿

前牛市街

城隍庙街

图例

真实性

较好

一般

较差

文物建筑真实性评估图——城隍庙

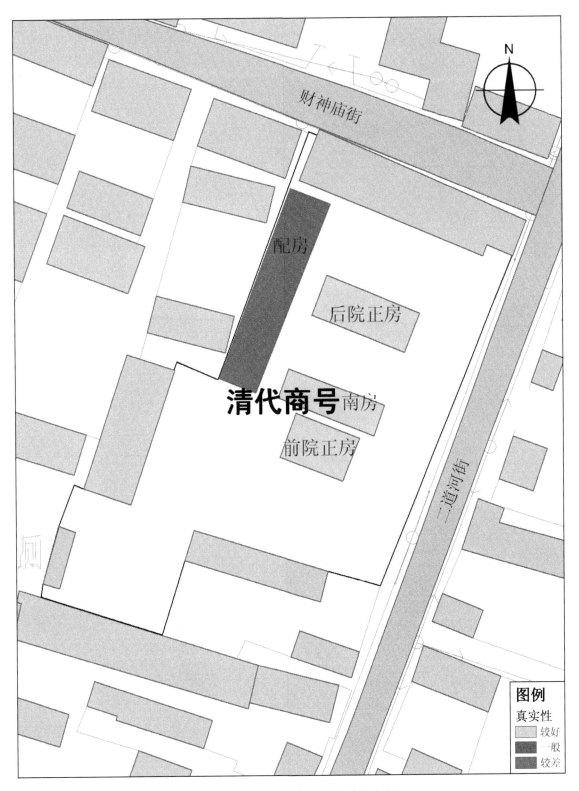

文物建筑真实性评估图——清代商号

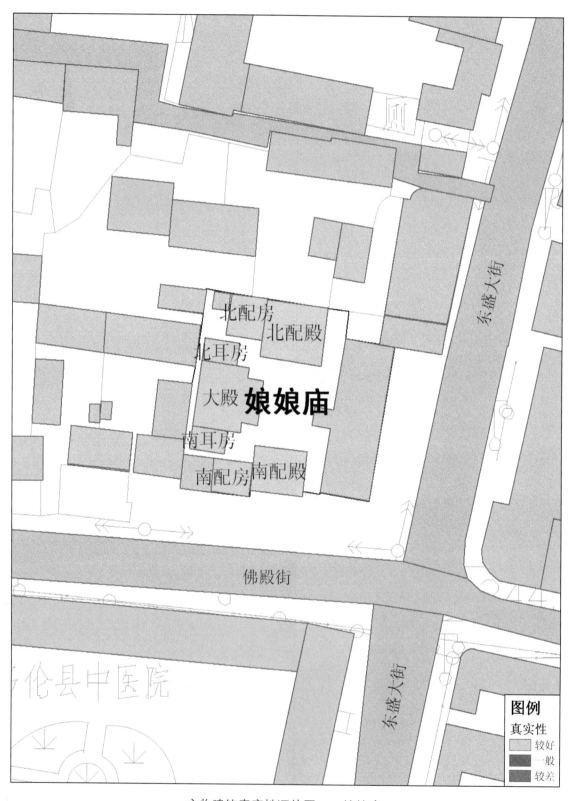

文物建筑真实性评估图——娘娘庙

清真南寺

北讲堂

礼拜殿

山门

南讲堂

图例

真实性

较好

一般

较差

文物建筑真实性评估图——清真南寺

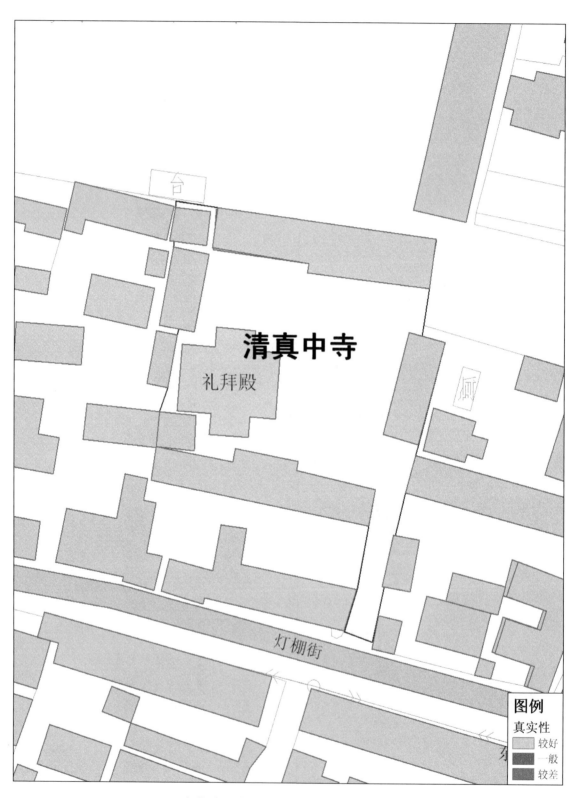

清真中寺

礼拜殿

灯棚街

图例
真实性
较好
一般
较差

文物建筑真实性评估图——清真中寺

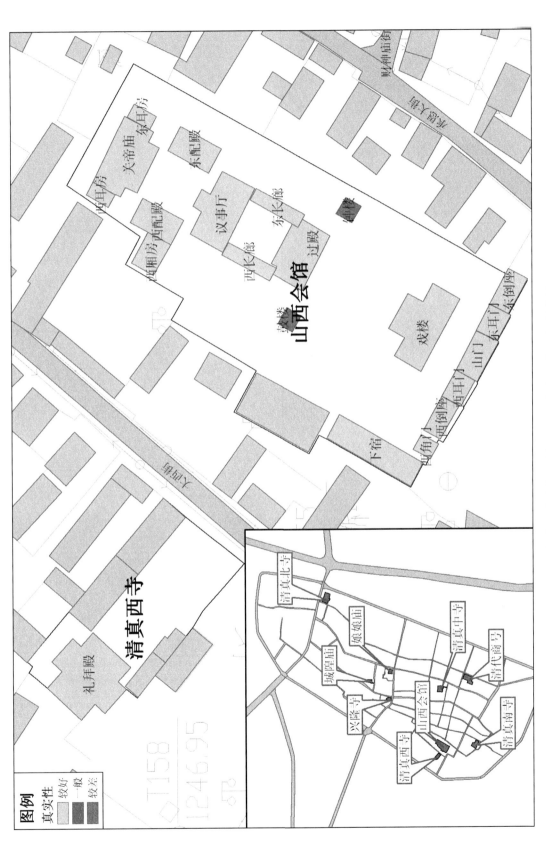

图例

真实性

较好
一般
较差

关帝庙　东耳房

西耳房

东配殿

西厢房西配殿

议事厅

西长廊

东长廊

过殿

钟楼

鼓楼

山西会馆

戏楼

东配厢座

西耳门 山门 东耳门 东耳座

下宿

西角门　西耳门

礼拜殿

清真西寺

JT158

T246.95

财神庙街

光沟巷

人民路

清真北寺

娘娘庙

城隍庙

兴隆寺

清真西寺

山西会馆

清真中寺

清真堂号

清真南寺

文物建筑真实性评估图——清真西寺、山西会馆

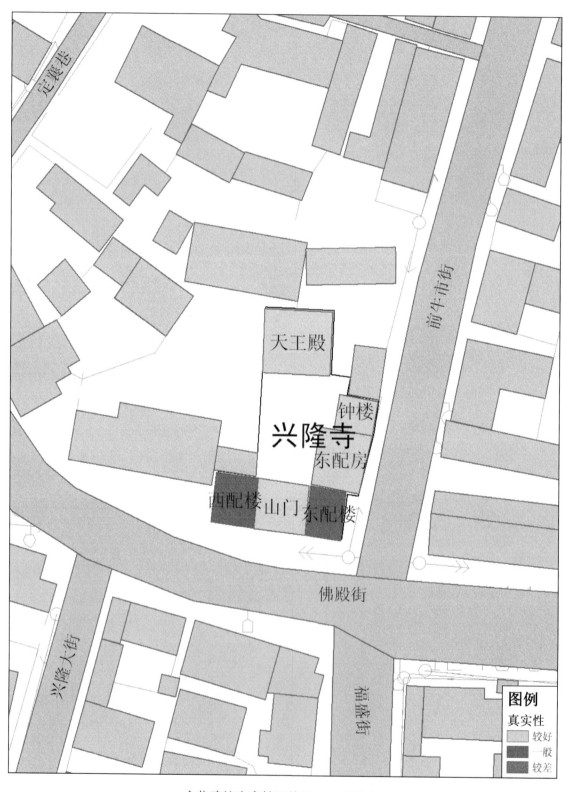

文物建筑真实性评估图——兴隆寺

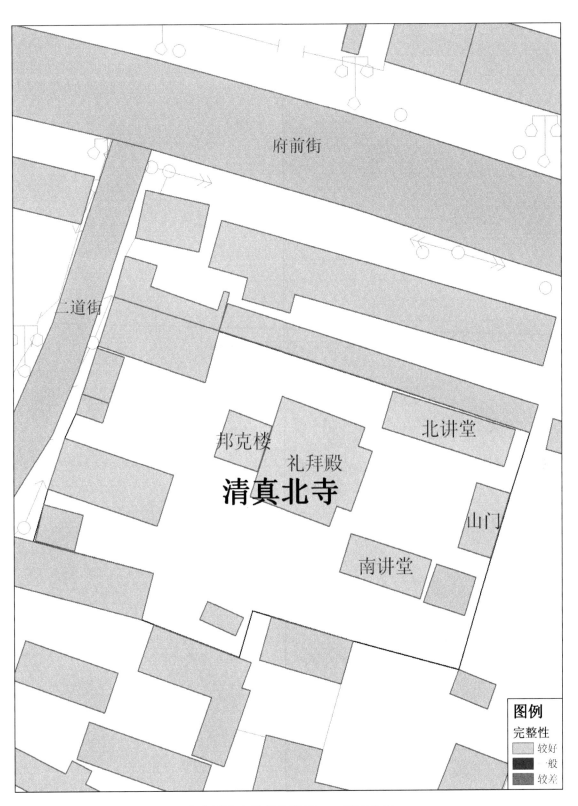

府前街

二道街

邦克楼

礼拜殿

清真北寺

北讲堂

山门

南讲堂

图例

完整性

较好

一般

较差

文物建筑完整性评估图——清真北寺

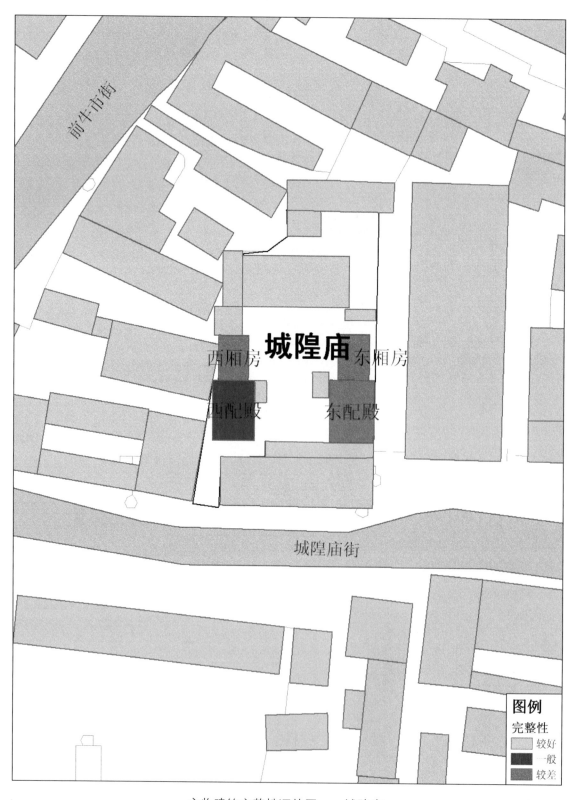

城隍庙

西厢房　东厢房

西配殿　东配殿

城隍庙街

图例

完整性

较好

一般

较差

文物建筑完整性评估图——城隍庙

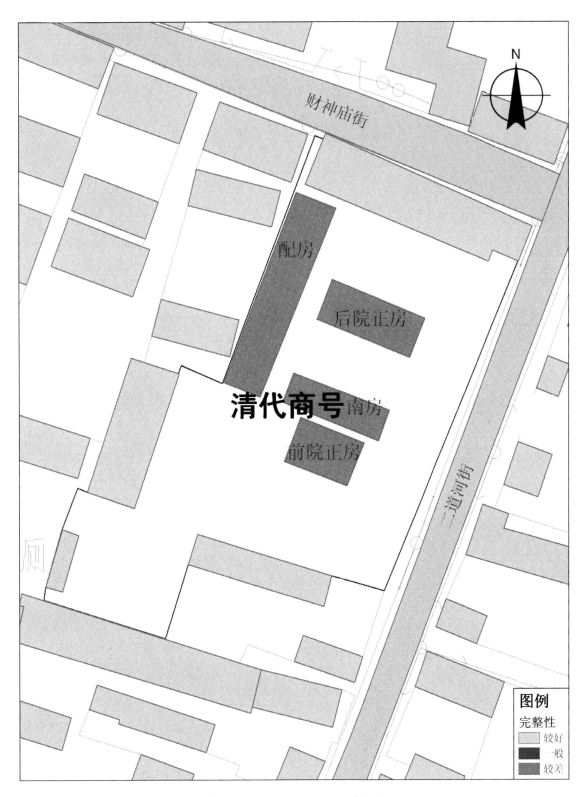

文物建筑完整性评估图——清代商号

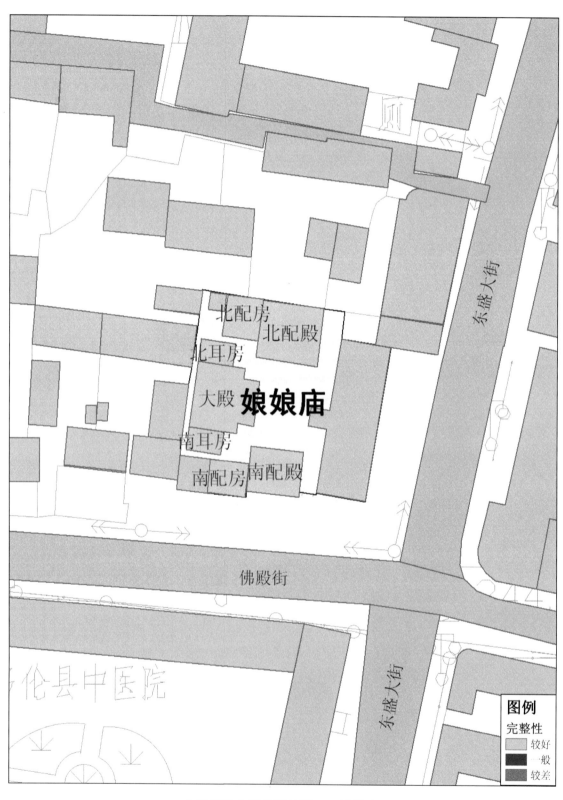

文物建筑完整性评估图——娘娘庙

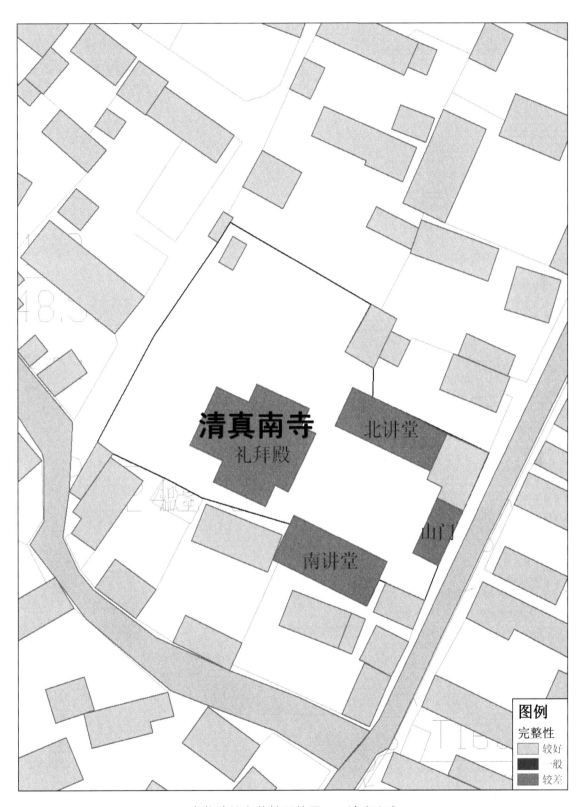

文物建筑完整性评估图——清真南寺

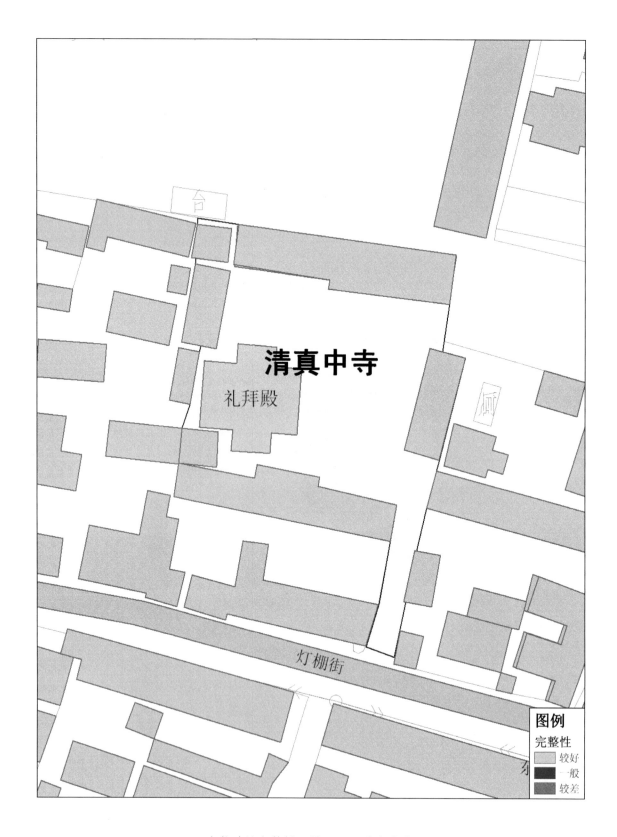

清真中寺

礼拜殿

灯棚街

图例
完整性
较好
一般
较差

文物建筑完整性评估图——清真中寺

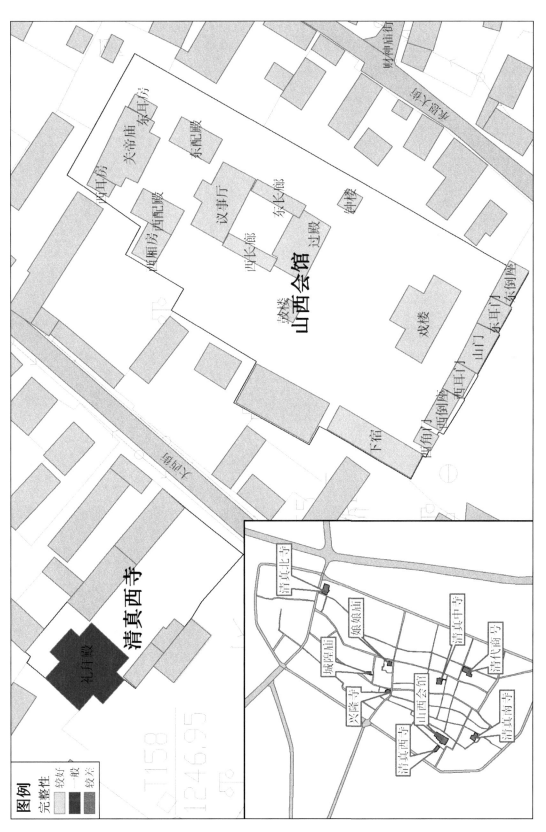

文物建筑完整性评估图——清真西寺、山西会馆

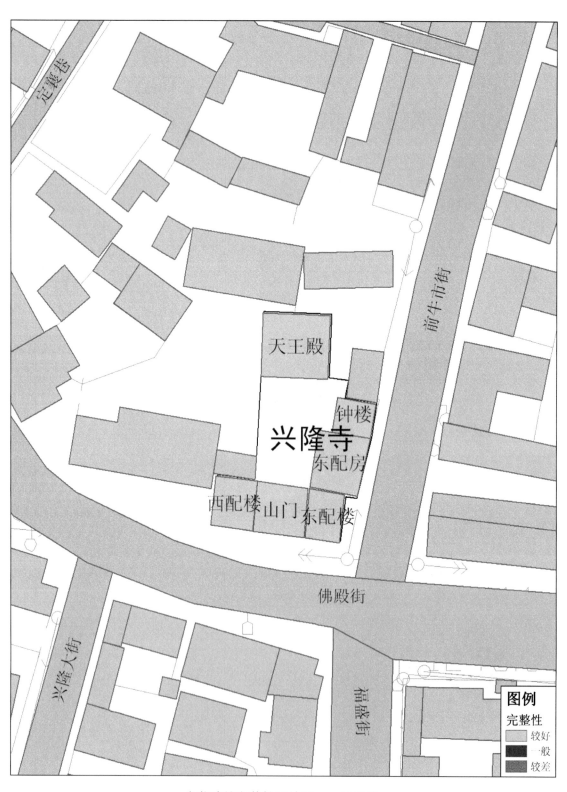

定襄巷

前牛市街

天王殿

钟楼

兴隆寺

东配房

西配楼 山门 东配楼

佛殿街

兴隆大街

福盛街

图例

完整性

较好

一般

较差

文物建筑完整性评估图——兴隆寺

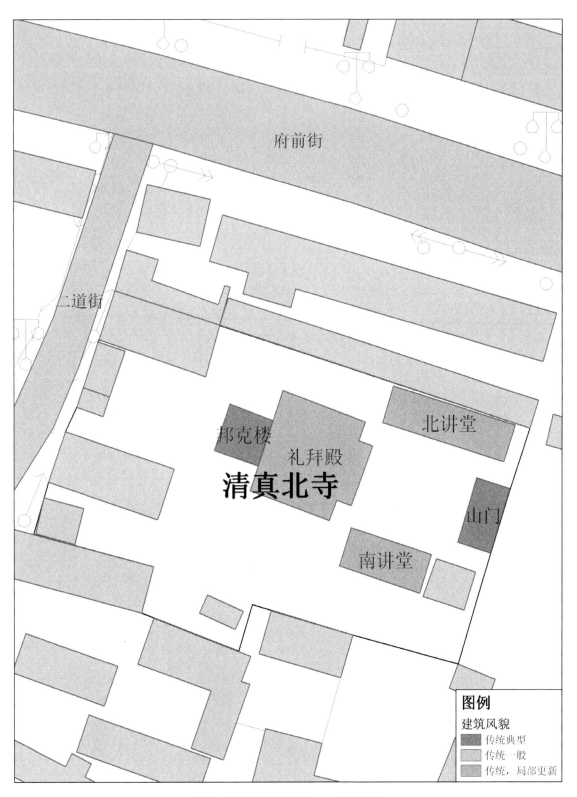

府前街

二道街

邦克楼

北讲堂

礼拜殿

清真北寺

山门

南讲堂

图例

建筑风貌

传统典型

传统一般

传统，局部更新

文物建筑风貌评估图——清真北寺

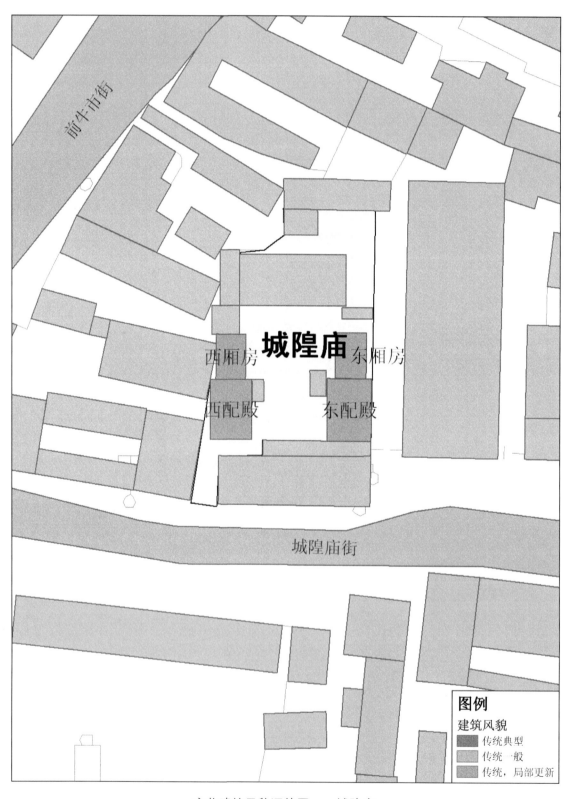

文物建筑风貌评估图——城隍庙

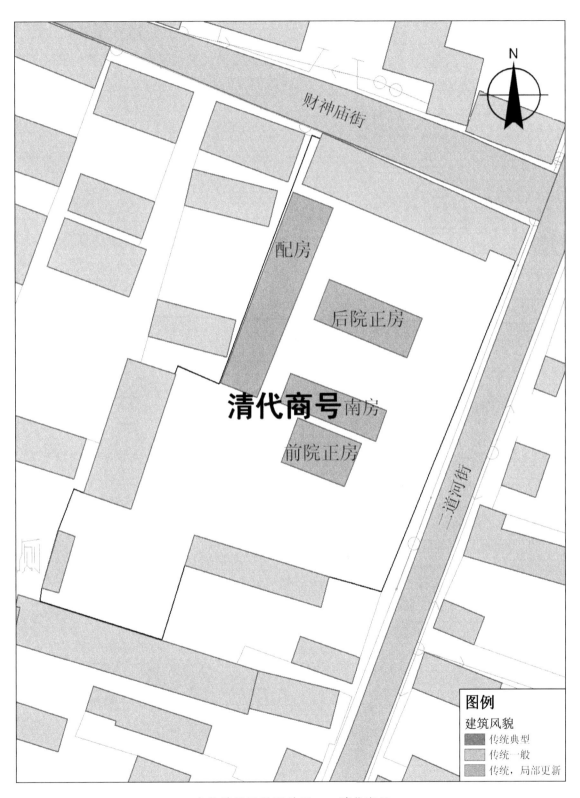

财神庙街

配房

后院正房

清代商号 南房

前院正房

二道河街

厕

图例

建筑风貌

传统典型

传统一般

传统，局部更新

文物建筑风貌评估图——清代商号

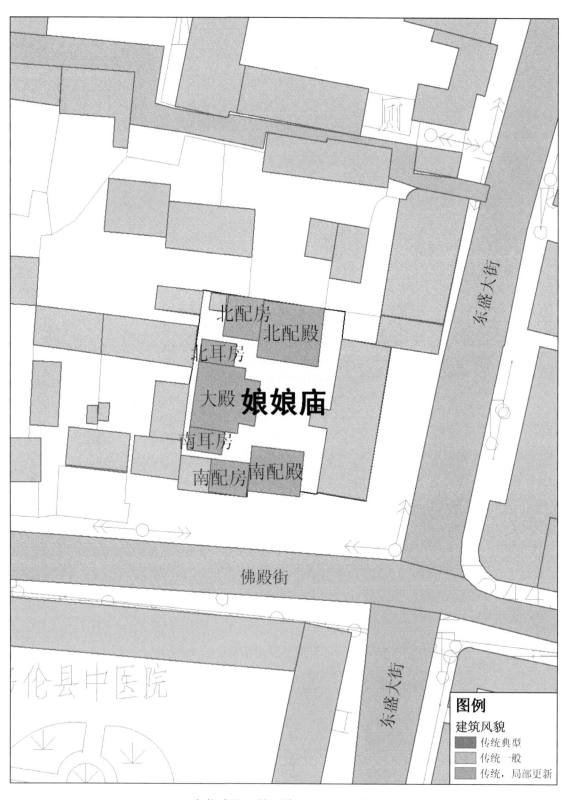

文物建筑风貌评估图——娘娘庙

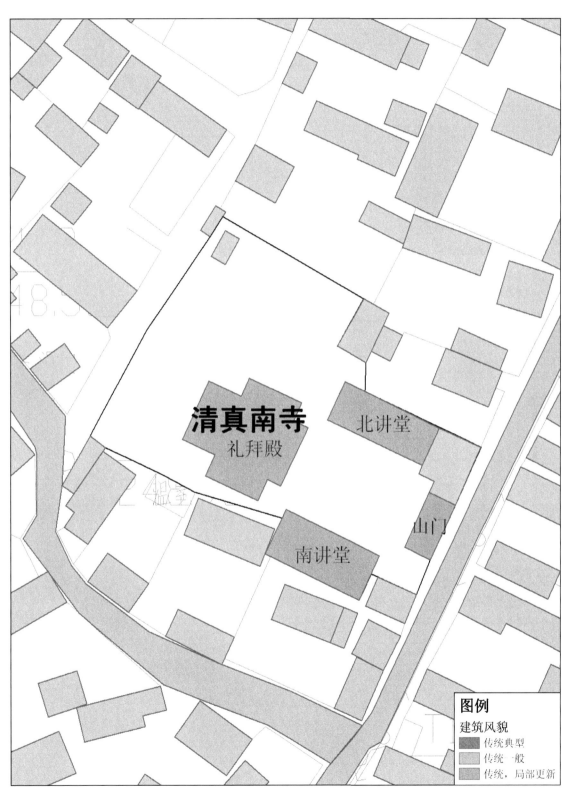

清真南寺

礼拜殿

北讲堂

山门

南讲堂

图例

建筑风貌

传统典型

传统 一般

传统，局部更新

文物建筑风貌评估图——清真南寺

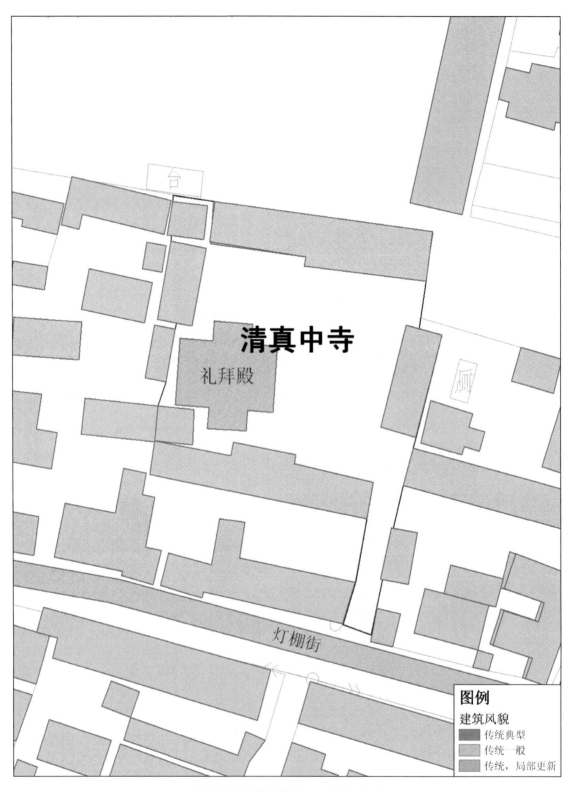

清真中寺

礼拜殿

灯棚街

图例

建筑风貌

传统典型

传统一般

传统，局部更新

文物建筑风貌评估图——清真中寺

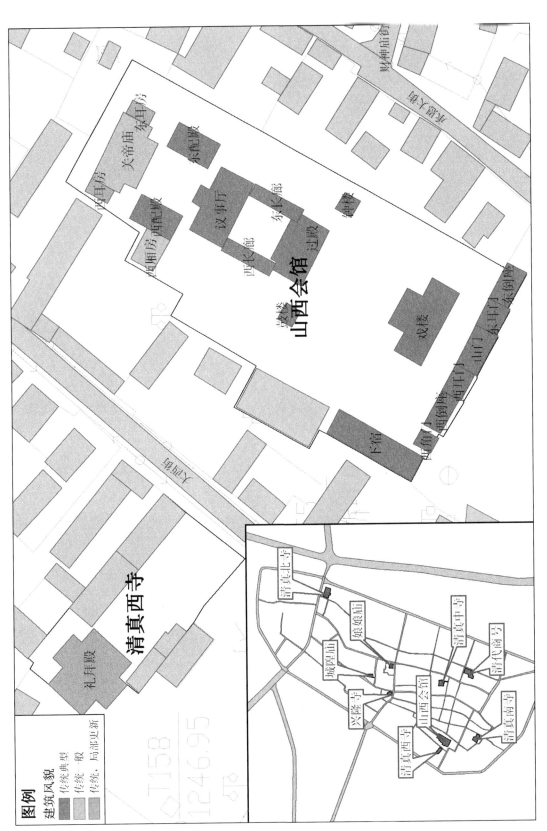

文物建筑风貌评估图——清真西寺、山西会馆

图例

建筑风貌
- 传统·典型
- 传统·一般
- 传统·局部更新

清真西寺

礼拜殿

山西会馆

关帝庙 东耳房
西耳房
东配殿
议事厅
西配殿
西长廊 东长廊
钟楼
过殿
鼓楼
戏楼
下宿
西角门 西耳门 山门 东耳门 东角门

清真北寺
娘娘庙
清真中寺
城隍庙
清代商号
兴隆寺
山西会馆
清真西寺
清真南寺

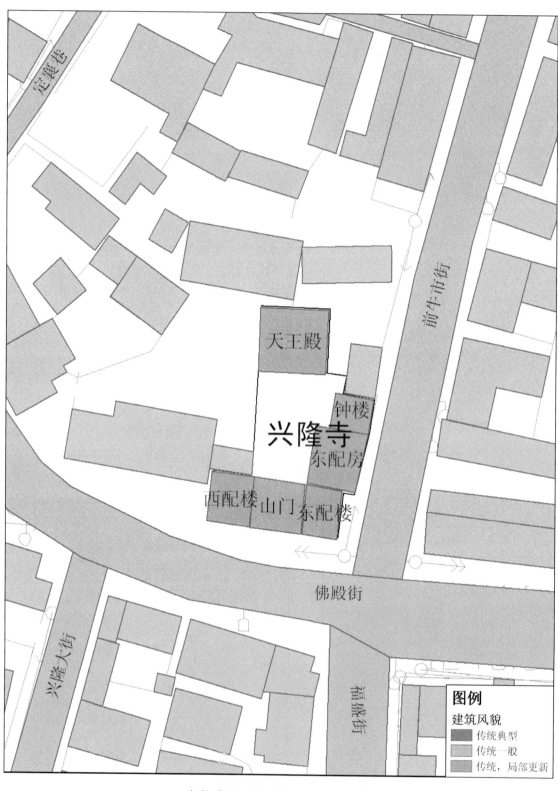

文物建筑风貌评估图——兴隆寺

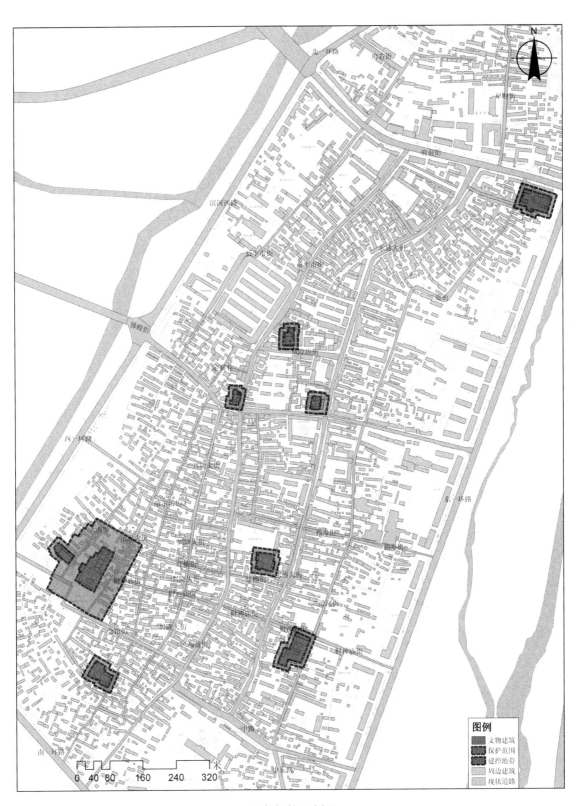

原有保护区划图

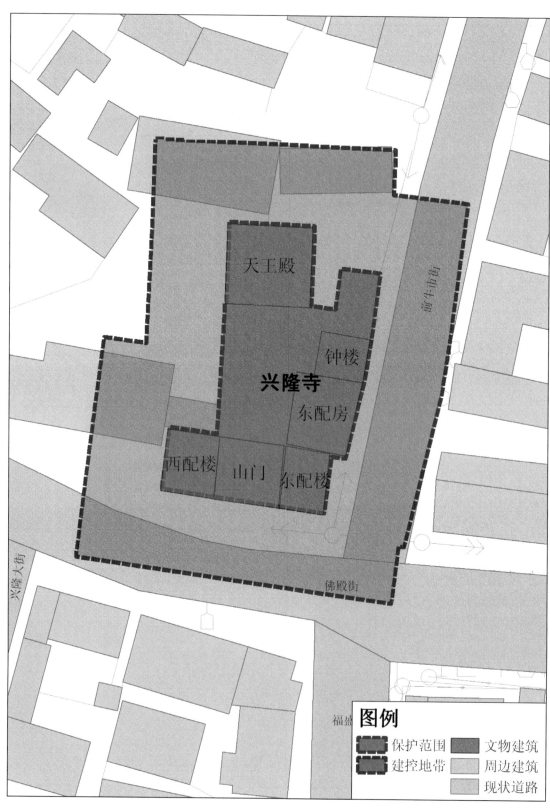

天王殿

钟楼

兴隆寺

东配房

西配楼　山门　东配楼

前牛市街

佛殿街

兴隆大街

福盛

图例

保护范围　文物建筑
建控地带　周边建筑
现状道路

原有保护区划图——兴隆寺

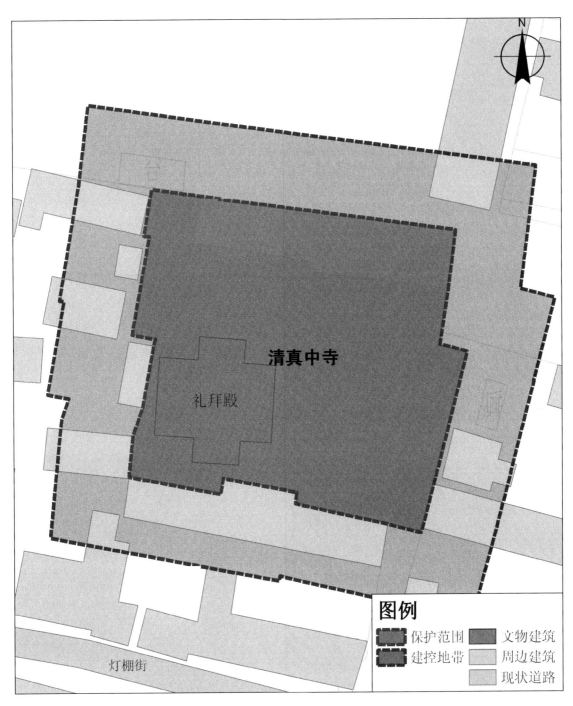

原有保护区划图——清真中寺

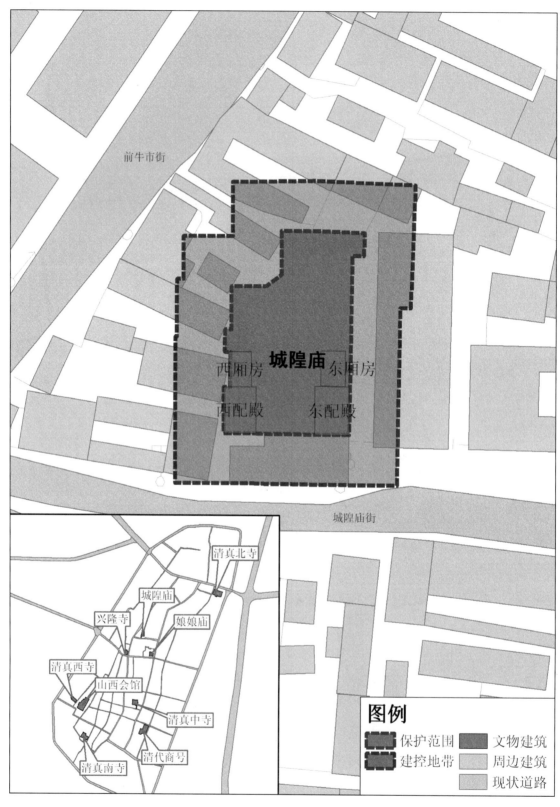

原有保护区划图——城隍庙

北配房

北配殿

北耳房

大殿 娘娘庙

南耳房

南配房 南配殿

东盛大街

佛殿街

图例

保护范围 文物建筑

建控地带 周边建筑

现状道路

0 5 10 20 30 40 米

原有保护区划图——娘娘庙

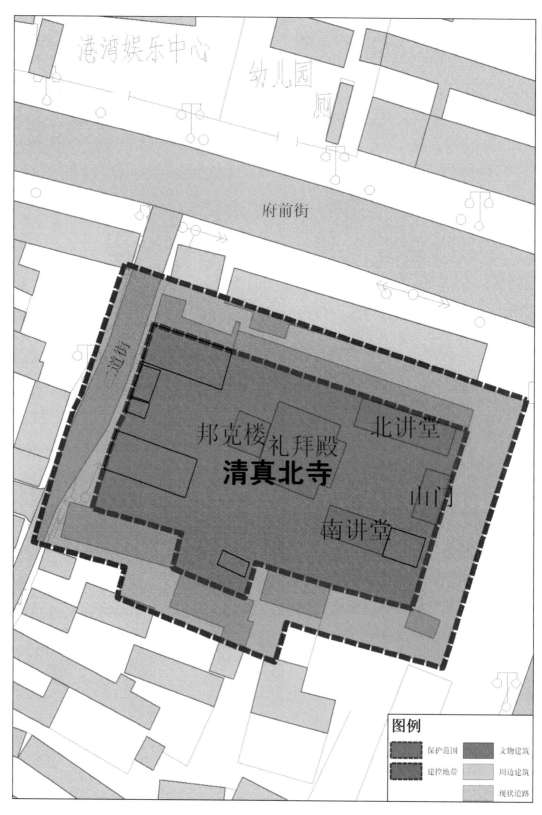

原有保护区划图——清真北寺

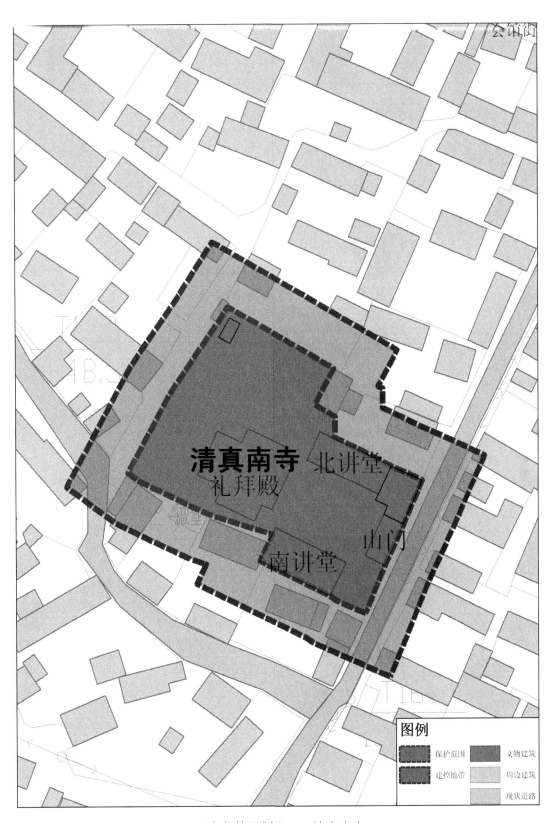

清真南寺

北讲堂

礼拜殿

南讲堂

山门

图例

保护范围　文物建筑

建控地带　周边建筑

现状道路

原有保护区划图——清真南寺

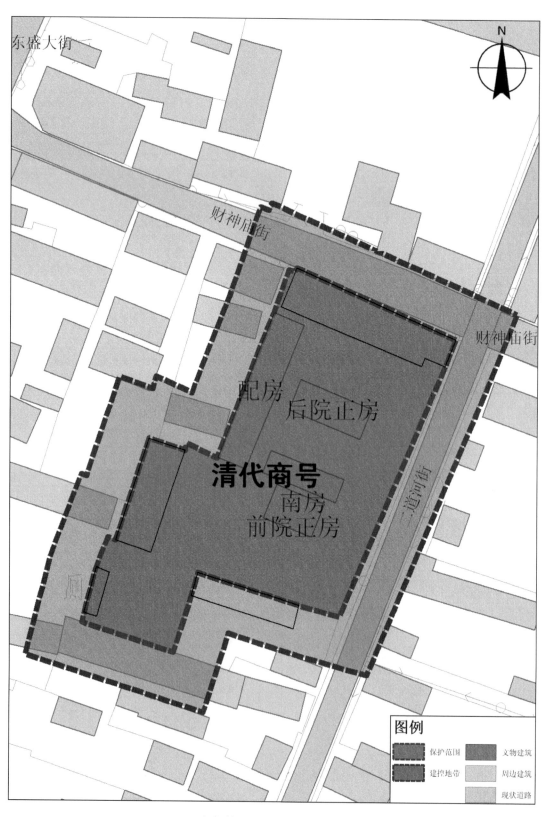

原有保护区划图——清代商号

图例

文物建筑
周边建筑
现状道路

保护范围
建控地带

原有保护区划图——清真西寺、山西会馆

0 15 30 60 90 120 米

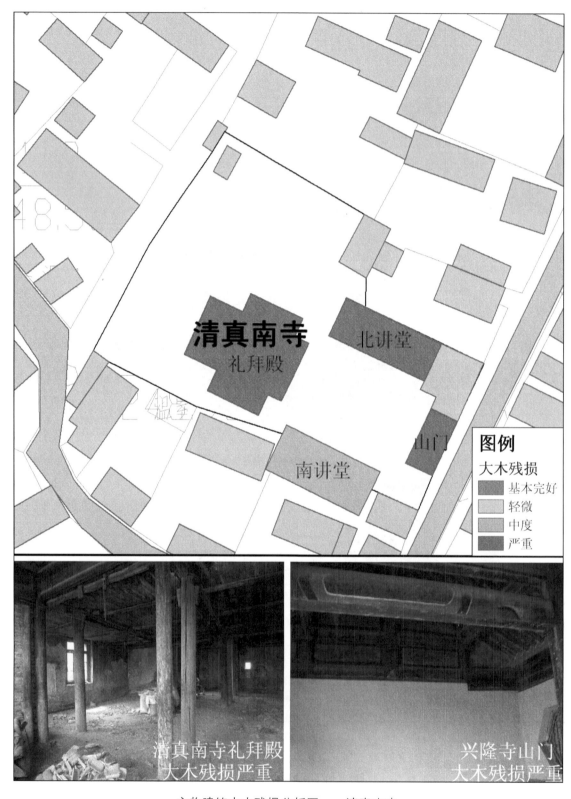

清真南寺

礼拜殿

北讲堂

南讲堂

山门

图例

大木残损

基本完好

轻微

中度

严重

清真南寺礼拜殿
大木残损严重

兴隆寺山门
大木残损严重

文物建筑大木残损分析图——清真南寺

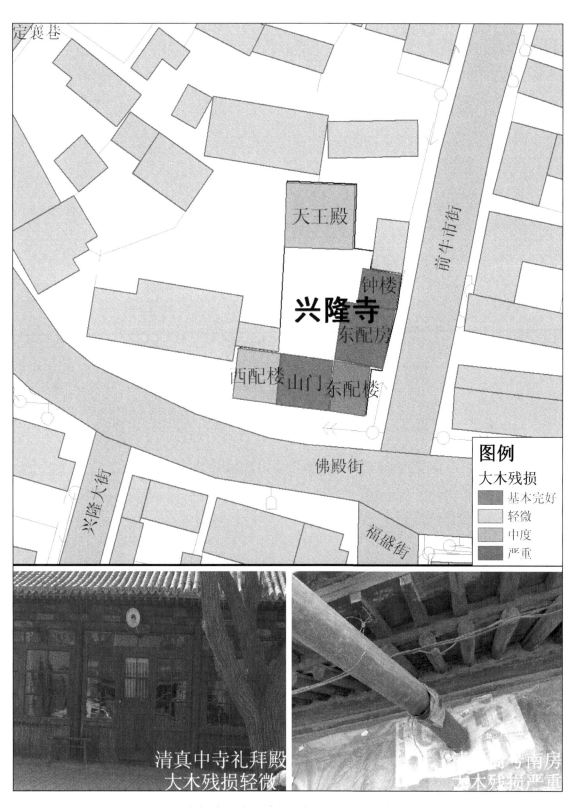

定襄巷

天王殿

钟楼

兴隆寺

东配房

西配楼 山门 东配楼

前牛市街

佛殿街

兴隆大街

福盛街

图例

大木残损

基本完好
轻微
中度
严重

清真中寺礼拜殿
大木残损轻微

清真中寺南房
大木残损严重

文物建筑大木残损分析图——兴隆寺

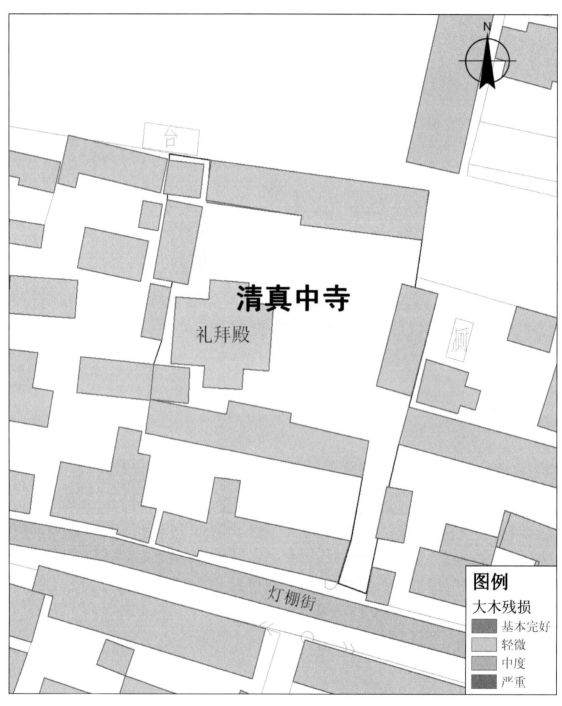

文物建筑大木残损分析图——清真中寺

文物建筑大木残损分析图——城隍庙

图例

大木残损

基本完好
轻微
中度
严重

城隍庙

东厢房
东配殿
西厢房
西配殿

城隍庙街

文物建筑大木残损分析图——娘娘庙

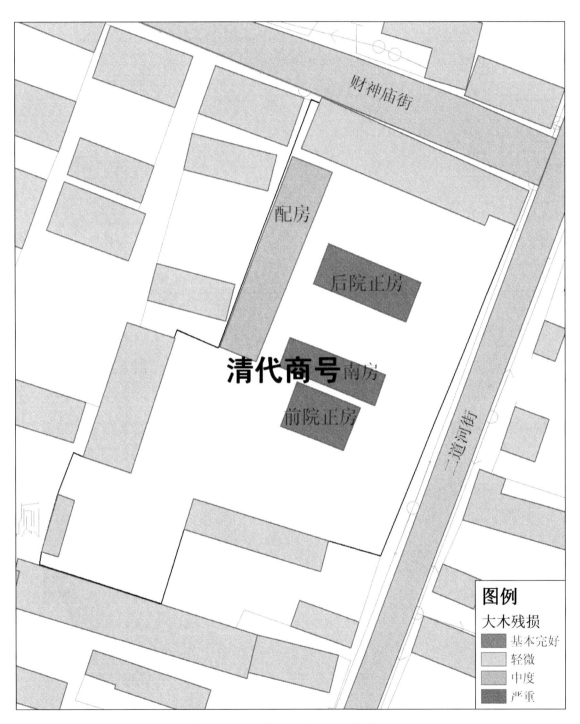

文物建筑大木残损分析图——清代商号

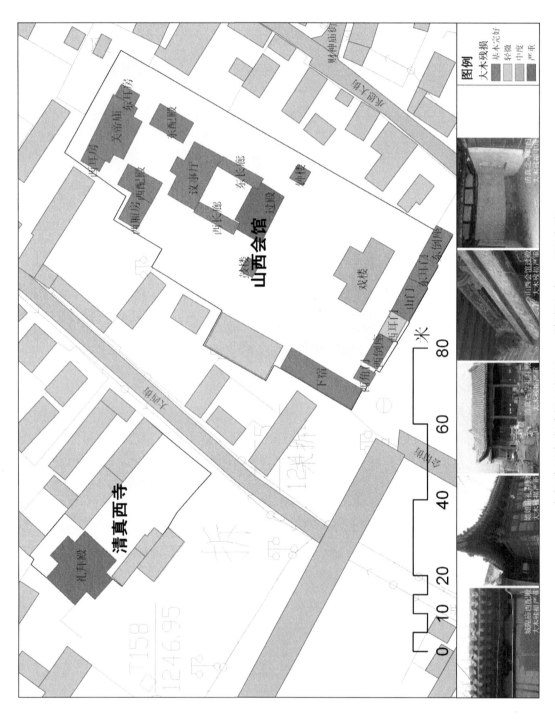

文物建筑大木残损分析图——清真西寺、山西会馆

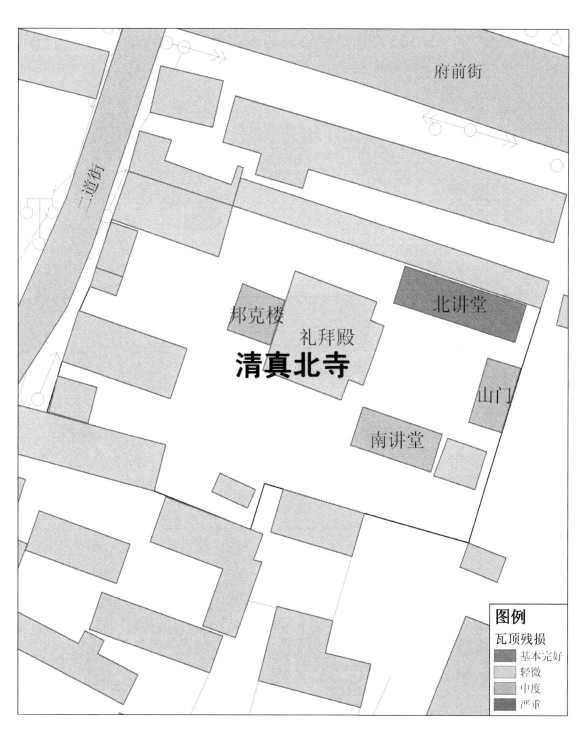

府前街

三道街

邦克楼

礼拜殿

清真北寺

北讲堂

山门

南讲堂

图例

瓦顶残损

基本完好

轻微

中度

严重

文物建筑大木残损分析图——清真北寺

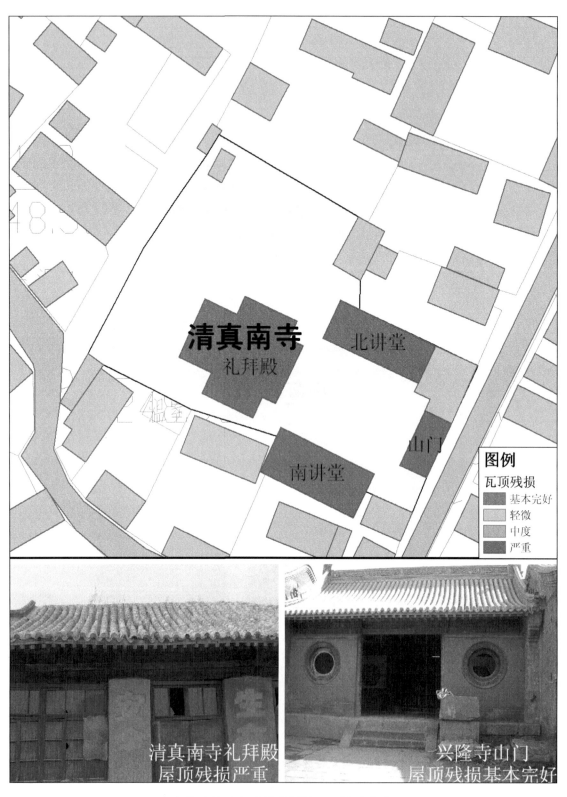

清真南寺

礼拜殿

北讲堂

山门

南讲堂

图例
瓦顶残损
基本完好
轻微
中度
严重

清真南寺礼拜殿
屋顶残损严重

兴隆寺山门
屋顶残损基本完好

文物建筑瓦顶残损分析图——清真南寺

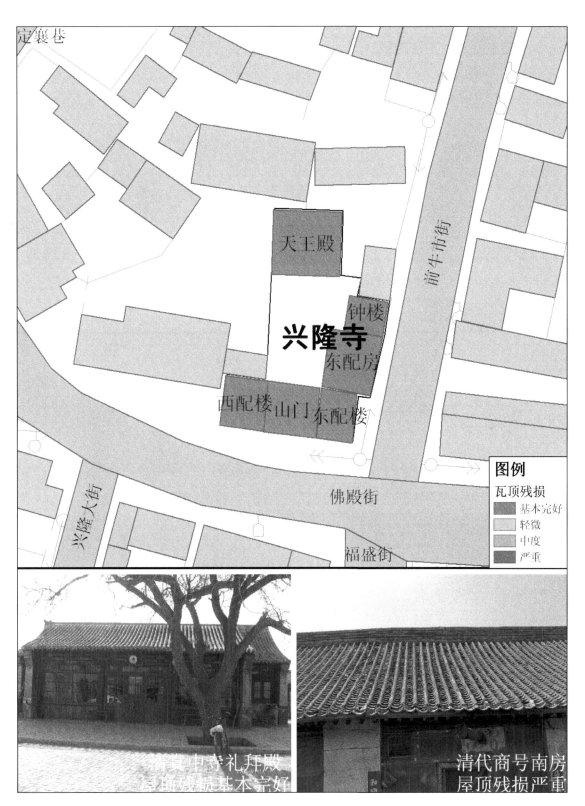

文物建筑瓦顶残损分析图——兴隆寺

169

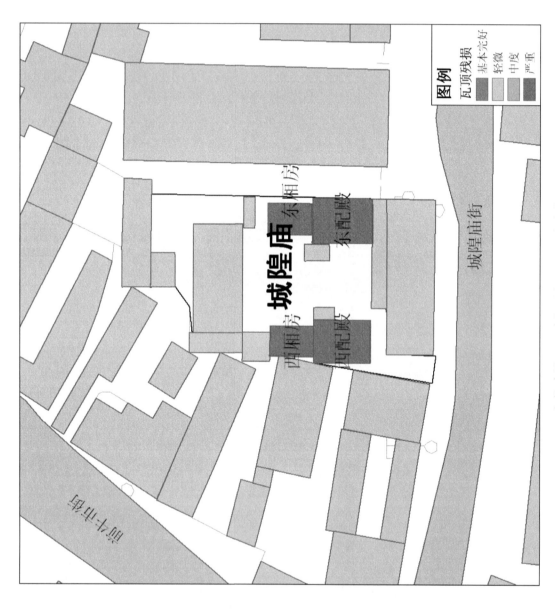

文物建筑瓦顶残损分析图——城隍庙

图例

瓦顶残损
基本完好
轻微
中度
严重

长盛大街

东盛大街

佛殿街

娘娘庙

北配房 北配殿
北耳房
大殿
南耳房
南配房 南配殿

文物建筑瓦顶残损分析图——娘娘庙

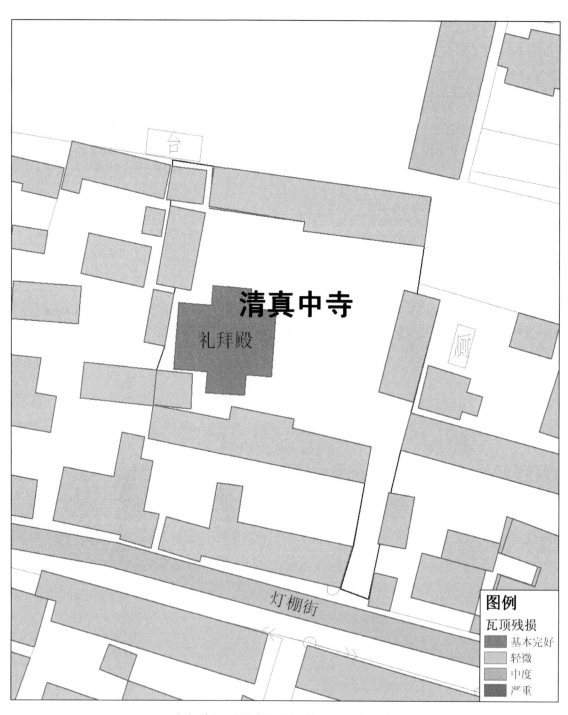

清真中寺

礼拜殿

灯棚街

图例

瓦顶残损

基本完好
轻微
中度
严重

文物建筑瓦顶残损分析图——清真中寺

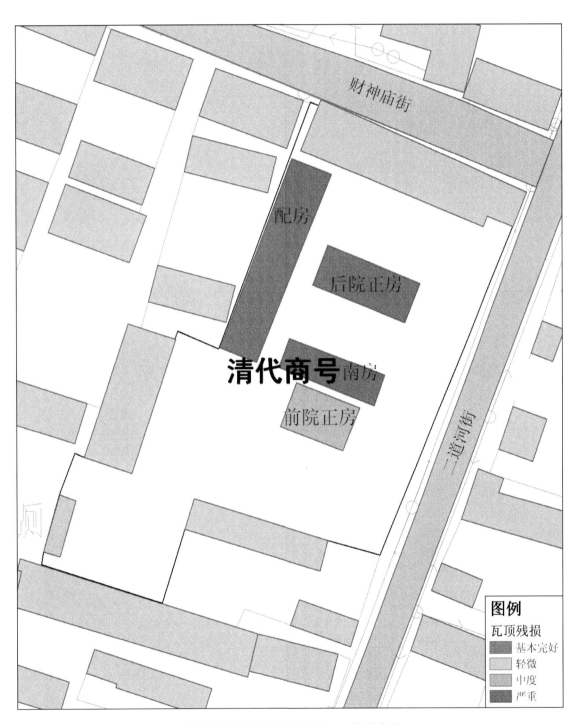

财神庙街

配房

后院正房

清代商号 南房

前院正房

二道河街

图例

瓦顶残损

基本完好
轻微
中度
严重

文物建筑瓦顶残损分析图——清代商号

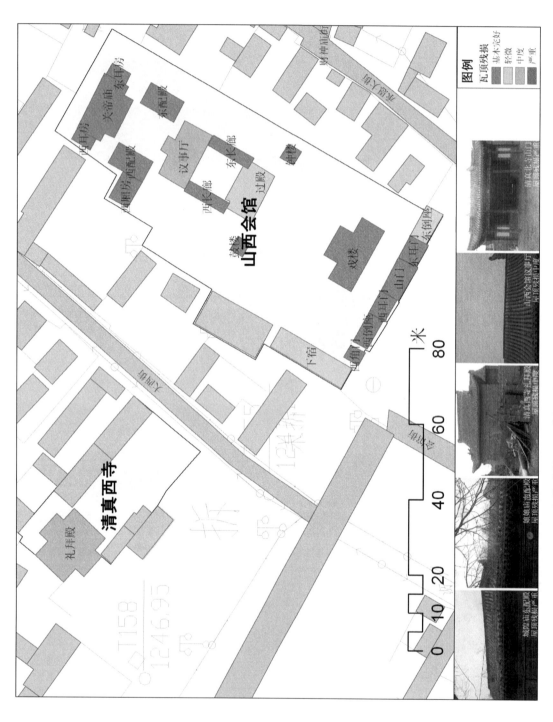

文物建筑瓦顶残损分析图——清真西寺、山西会馆

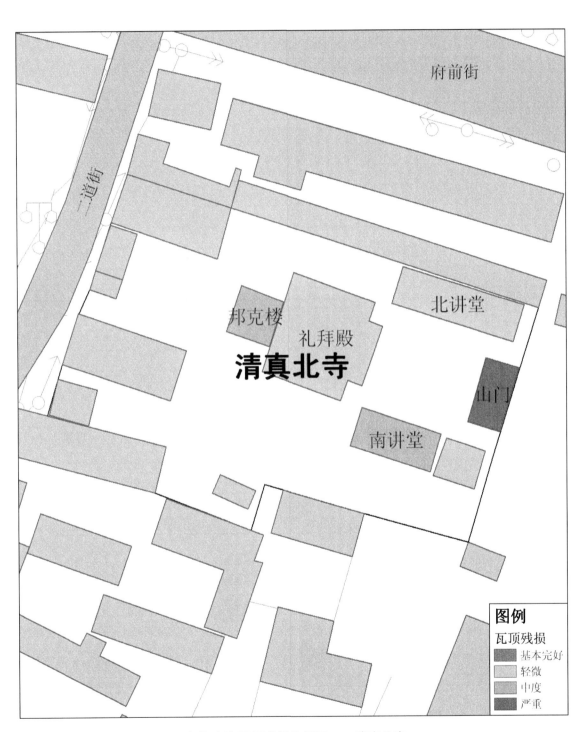

府前街

二道街

邦克楼

北讲堂

礼拜殿

清真北寺

山门

南讲堂

图例

瓦顶残损

基本完好

轻微

中度

严重

文物建筑瓦顶残损分析图——清真北寺

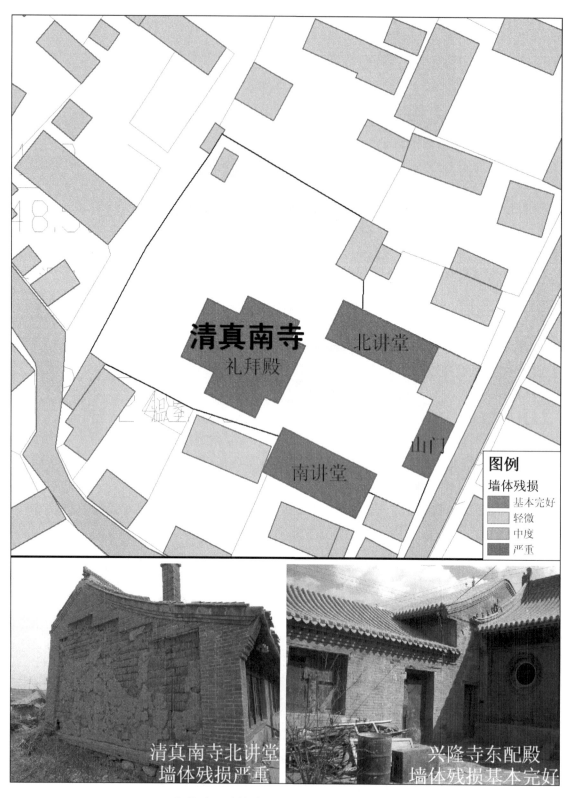

文物建筑墙体残损分析图——清真南寺

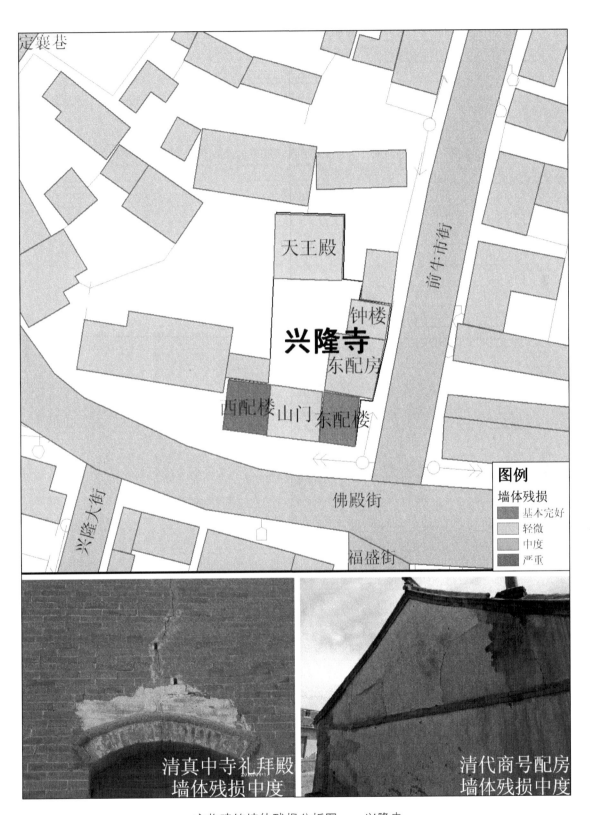

定襄巷

天王殿

钟楼

兴隆寺

东配房

西配楼 山门 东配楼

前牛市街

佛殿街

兴隆大街

福盛街

图例

墙体残损

基本完好
轻微
中度
严重

清真中寺礼拜殿
墙体残损中度

清代商号配房
墙体残损中度

文物建筑墙体残损分析图——兴隆寺

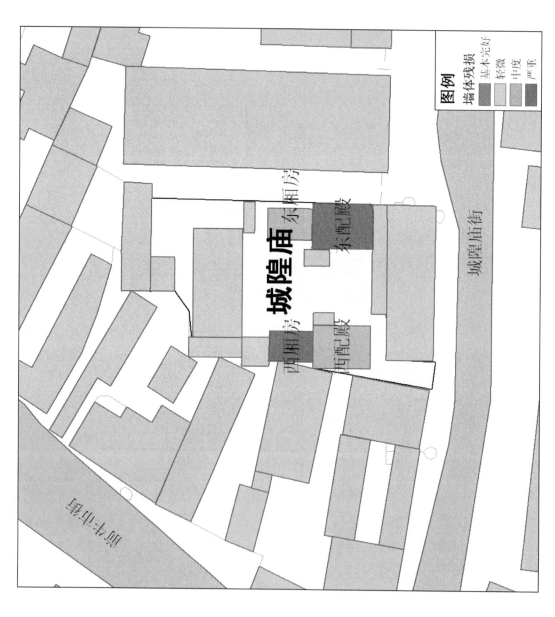

文物建筑墙体残损分析图——城隍庙

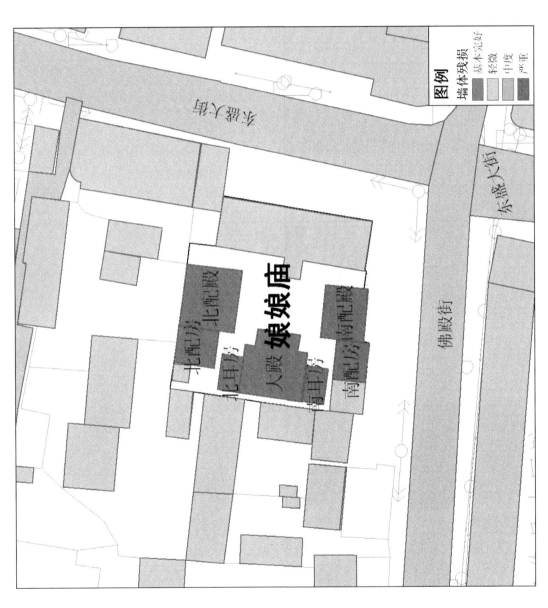

文物建筑墙体残损分析图——娘娘庙

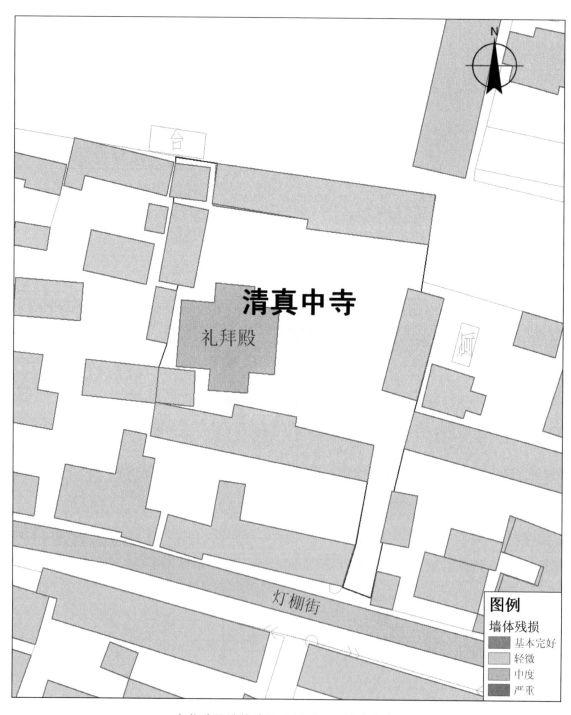

清真中寺

礼拜殿

灯棚街

图例
墙体残损
基本完好
轻微
中度
严重

文物建筑墙体残损分析图——清真中寺

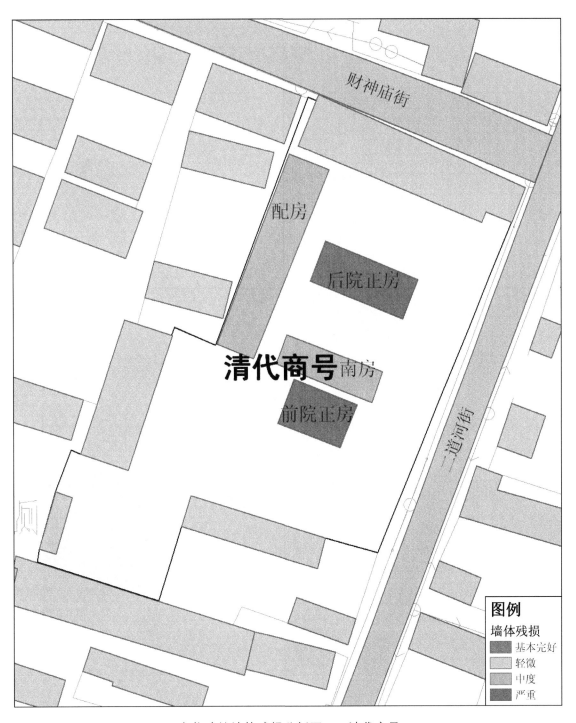

财神庙街

配房

后院正房

清代商号 南房

前院正房

二道河街

图例

墙体残损

基本完好
轻微
中度
严重

文物建筑墙体残损分析图——清代商号

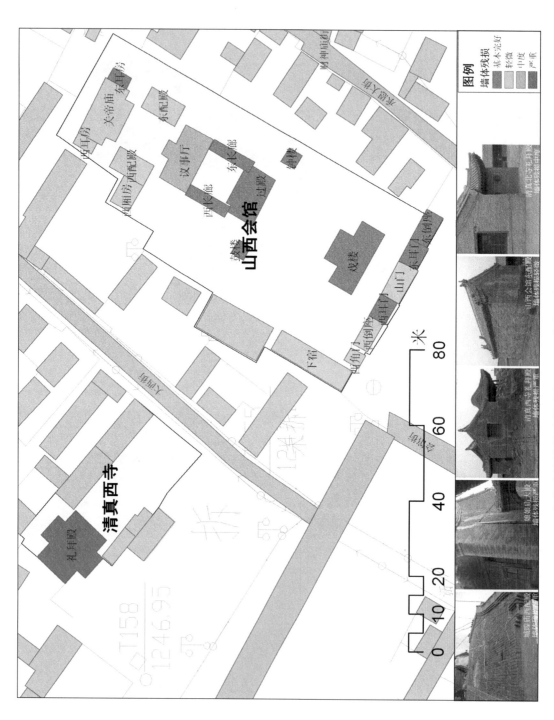

文物建筑墙体残损分析图——清真西寺、山西会馆

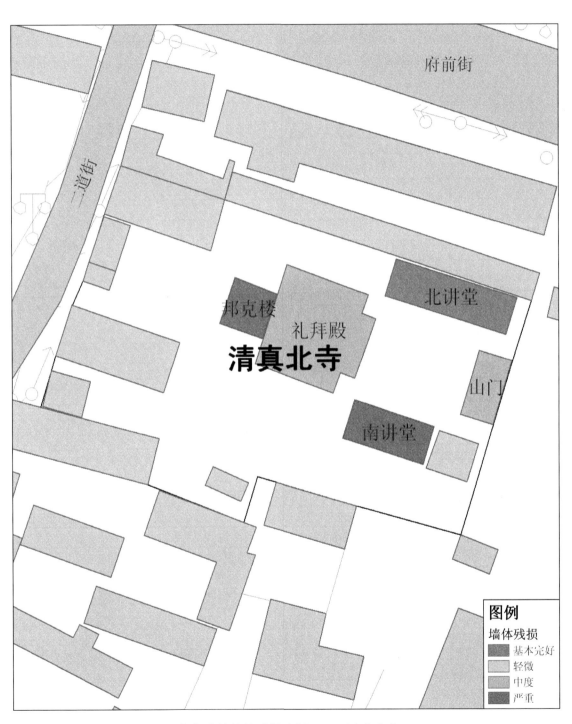

文物建筑墙体残损分析图——清真北寺

清真南寺

北讲堂

礼拜殿

南讲堂

山门

图例

装修残损

基本完好

轻微

中度

严重

清真南寺礼拜殿
装修残损严重

兴隆寺天王殿
装修残损中严重

文物建筑装修残损分析图——清真南寺

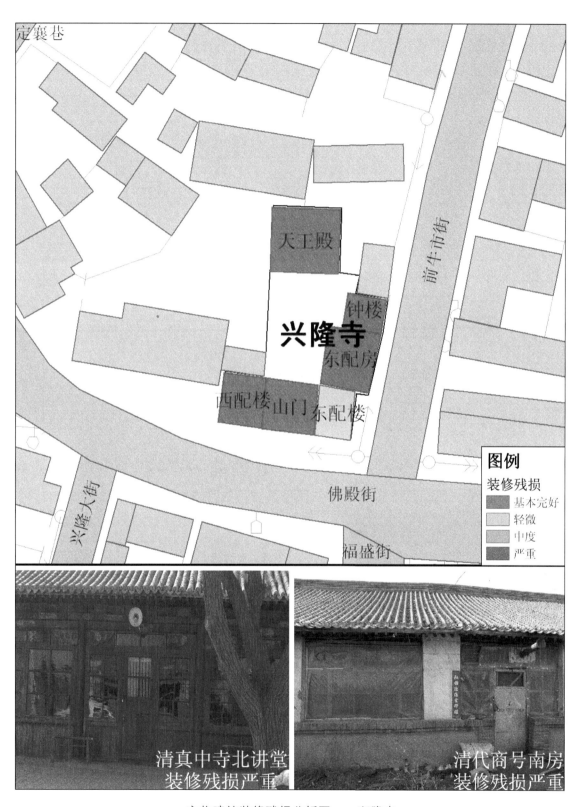

定襄巷

天王殿

钟楼

兴隆寺

东配房

前牛市街

西配楼 山门 东配楼

兴隆大街

佛殿街

福盛街

图例

装修残损

基本完好

轻微

中度

严重

清真中寺北讲堂
装修残损严重

清代商号南房
装修残损严重

文物建筑装修残损分析图——兴隆寺

文物建筑装修残损分析图——城隍庙

文物建筑装修残损残损分析图——娘娘庙

清真中寺

礼拜殿

灯棚街

图例

装修残损

基本完好
轻微
中度
严重

文物建筑装修残损分析图——清真中寺

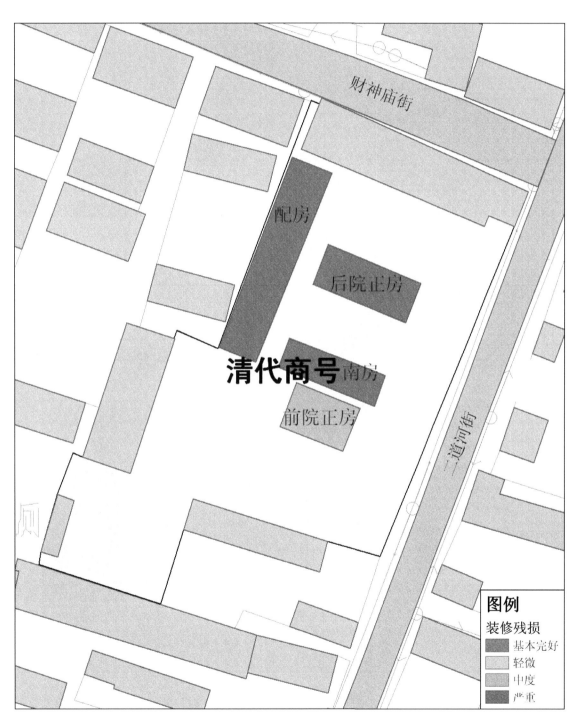

文物建筑装修残损分析图——清代商号

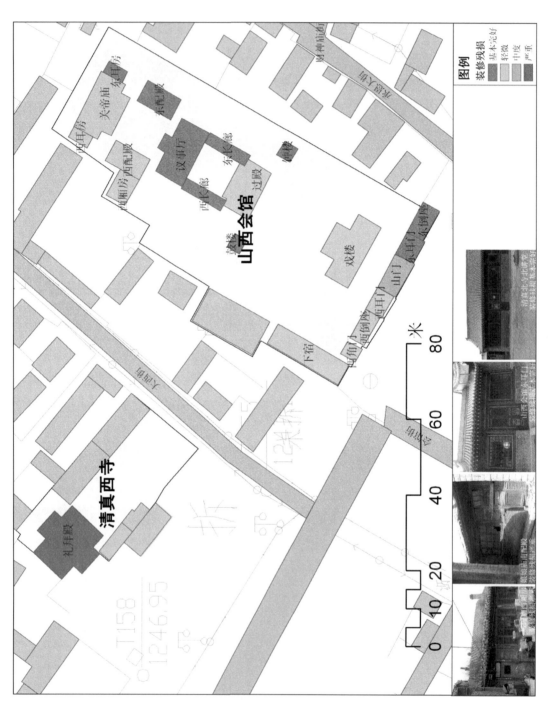

文物建筑装修残损分析图——清真西寺、山西会馆

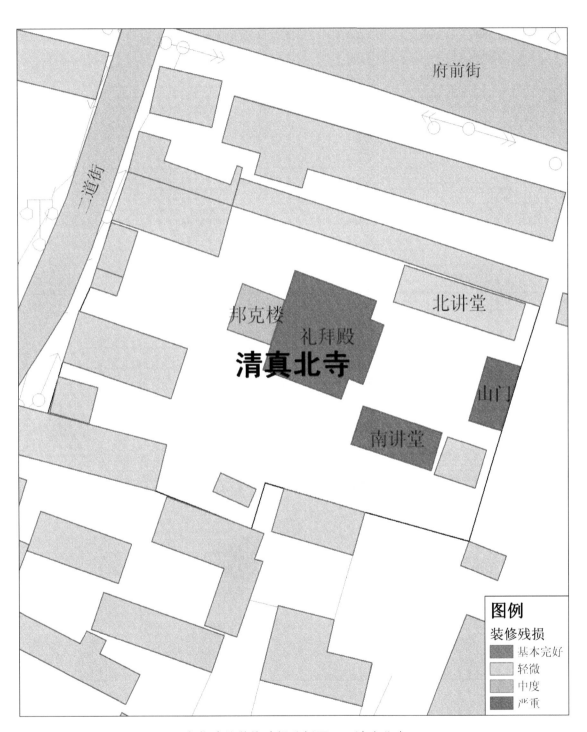

府前街

二道街

邦克楼

礼拜殿

清真北寺

北讲堂

山门

南讲堂

图例

装修残损

基本完好
轻微
中度
严重

文物建筑装修残损分析图——清真北寺

清真南寺

礼拜殿

北讲堂

南讲堂

山门

图例

结构安全评估

I 类建筑
II 类建筑
III 类建筑
IV 类建筑

文物建筑结构安全性评估图——清真南寺

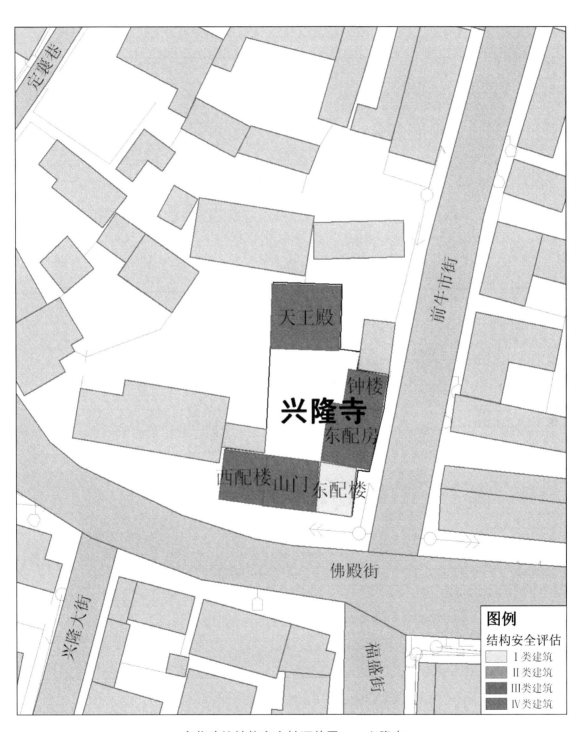

文物建筑结构安全性评估图——兴隆寺

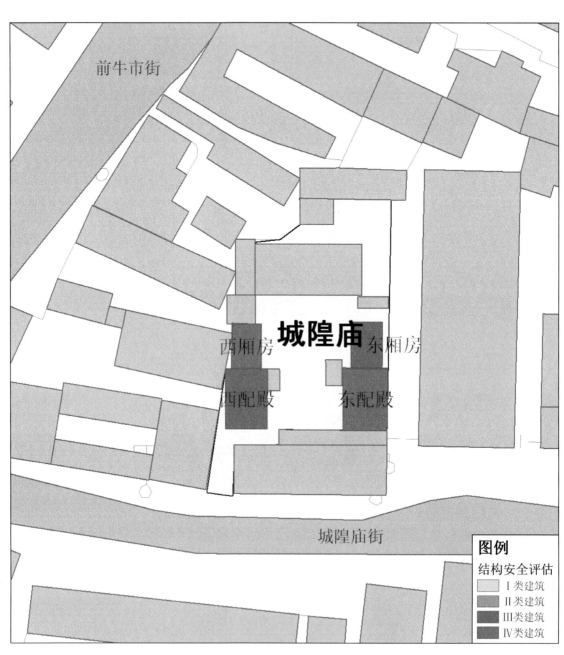

城隍庙

西厢房　　　东厢房

西配殿　　　东配殿

城隍庙街

图例

结构安全评估

Ⅰ类建筑
Ⅱ类建筑
Ⅲ类建筑
Ⅳ类建筑

文物建筑结构安全性评估图——城隍庙

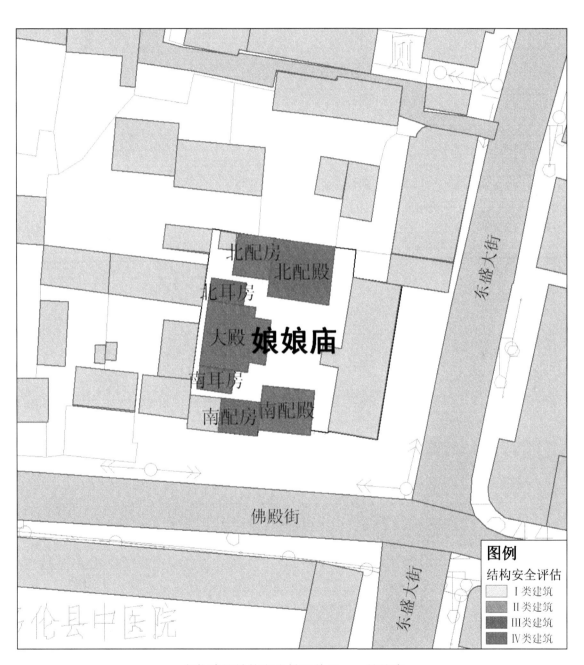

北配房
北配殿
北耳房
大殿 **娘娘庙**
南耳房
南配房 南配殿
东盛大街
佛殿街
东盛大街

图例
结构安全评估
Ⅰ类建筑
Ⅱ类建筑
Ⅲ类建筑
Ⅳ类建筑

文物建筑结构安全性评估图——娘娘庙

文物建筑结构安全性评估图——清真中寺

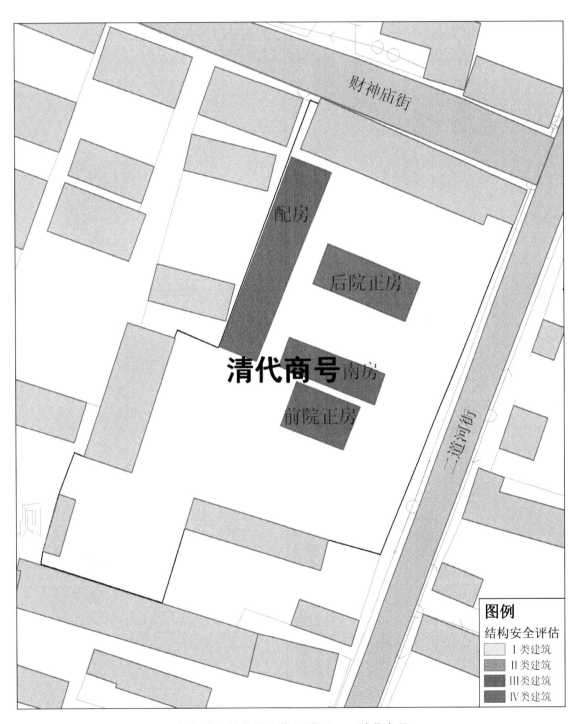

文物建筑结构安全性评估图——清代商号

文物建筑结构安全性评估图——清真西寺、山西会馆

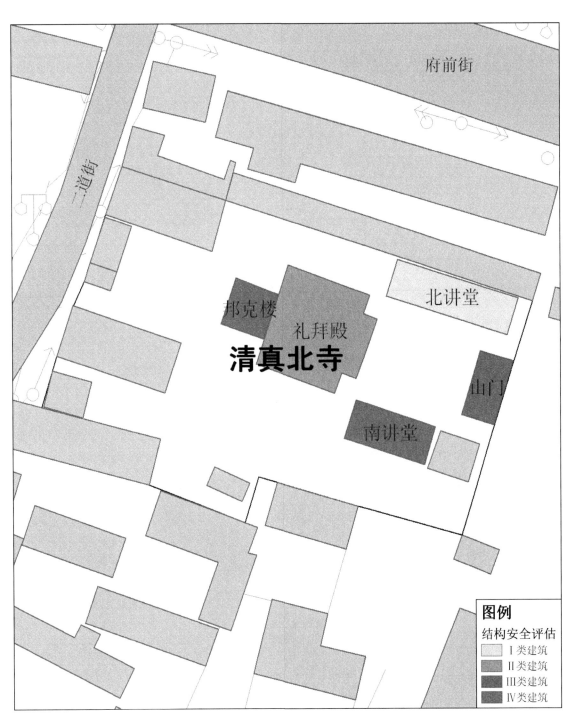

府前街

二道街

邦克楼

北讲堂

礼拜殿

清真北寺

山门

南讲堂

图例

结构安全评估

☐ I 类建筑
▨ II 类建筑
▨ III 类建筑
■ IV 类建筑

文物建筑结构安全性评估图——清真北寺

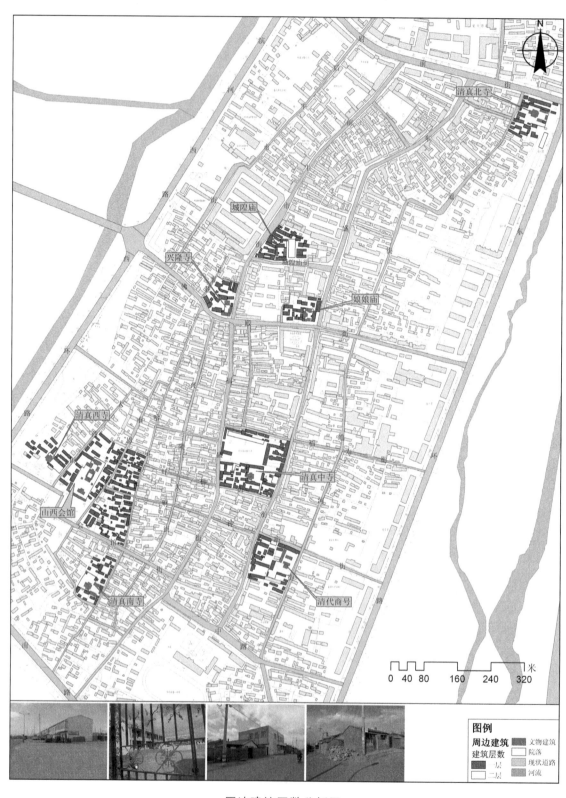

周边建筑层数分析图

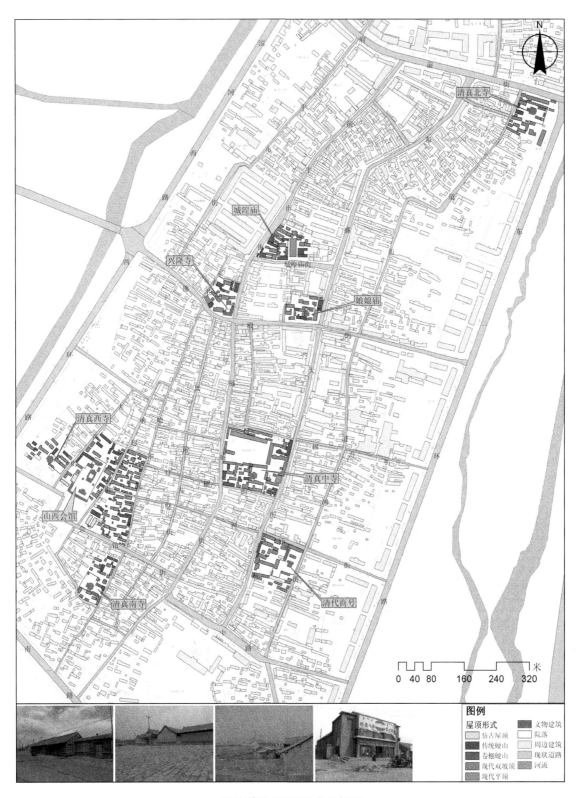

周边建筑屋顶形式分析图

201

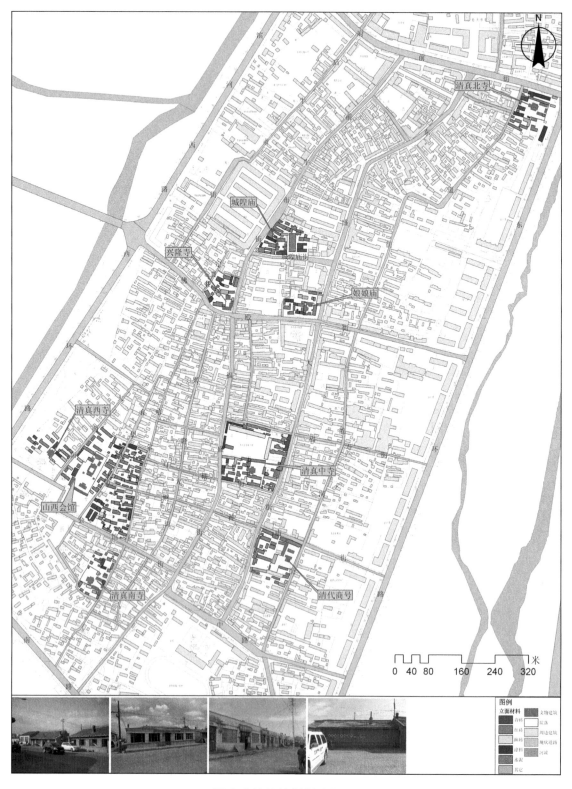

周边建筑墙体材料分析图

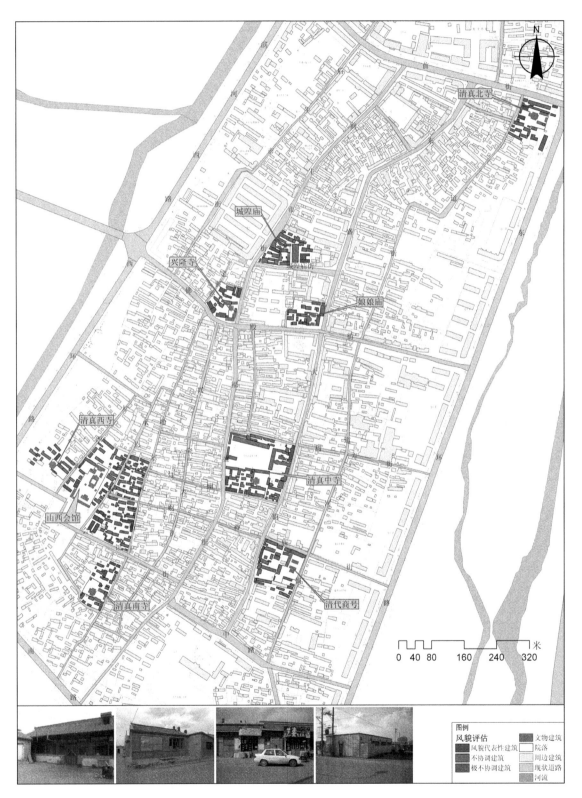

城隍庙

兴隆寺

娘娘庙

清真北寺

清真西寺

清真中寺

山西会馆

清真南寺

清代商号

0 40 80 160 240 320 米

图例
风貌评估
风貌代表性建筑
不协调建筑
极不协调建筑
文物建筑
院落
周边建筑
现状道路
河流

周边建筑艺术风貌分析图

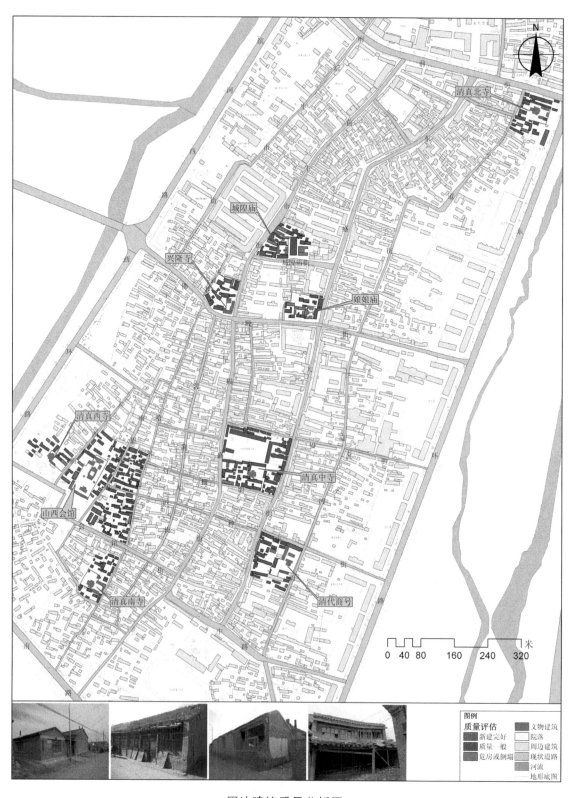

周边建筑质量分析图

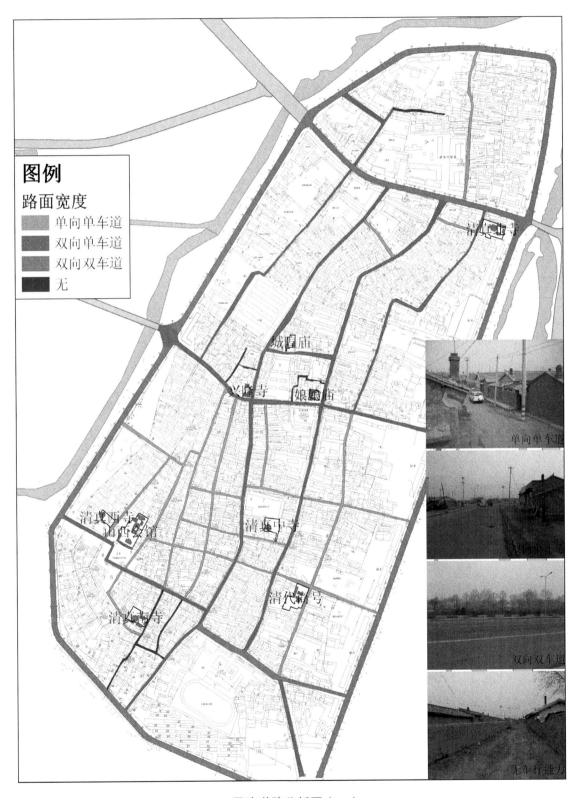

周边道路分析图（一）

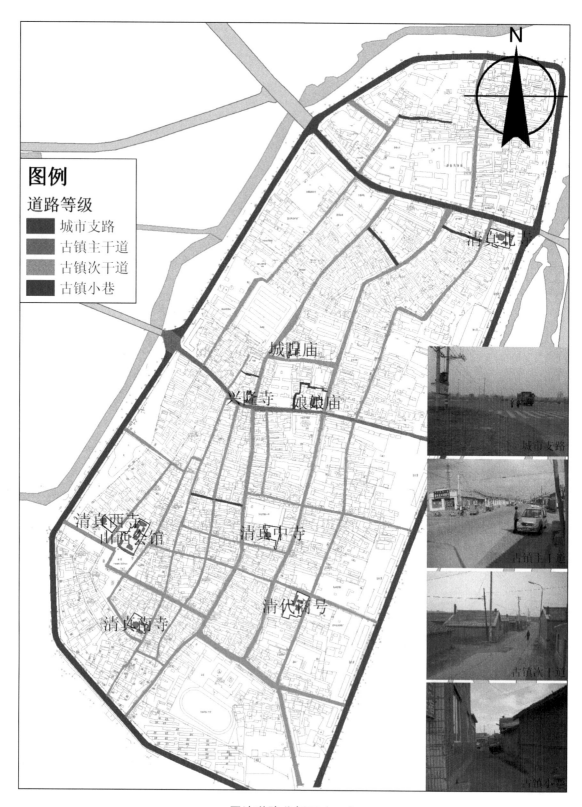

图例

道路等级

■ 城市支路
■ 古镇主干道
■ 古镇次干道
■ 古镇小巷

清真北寺

城隍庙

兴隆寺　娘娘庙

清真西寺
山西会馆

清真中寺

清真南寺

清代商号

周边道路分析图（二）

图例
道路状况
■ 较好
■ 一般
　 较差

清真北寺

城隍庙

兴隆寺　娘娘庙

清真西寺
山西会馆

清真中寺

清代商号

清真南寺

道路状况较好

道路状况一般

道路状况较差

米
0　125　250　　500　　750　　1,000

周边道路分析图（三）

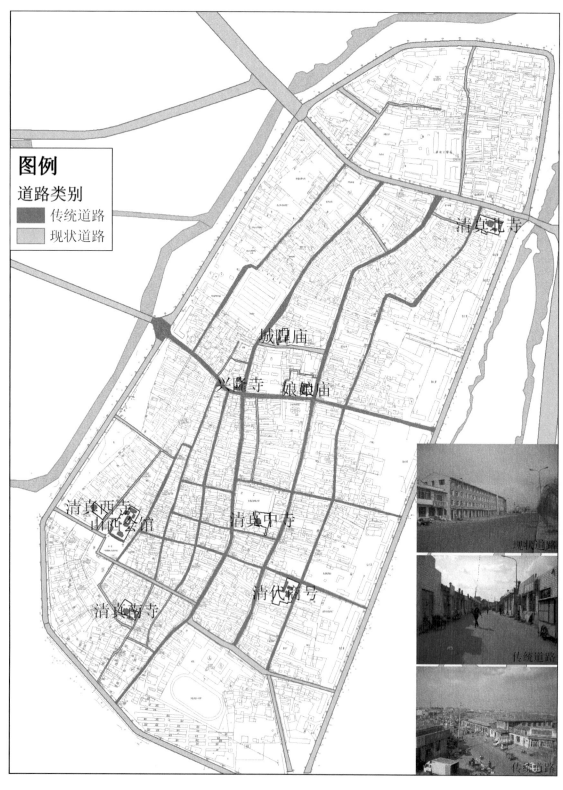

周边道路分析图（四）

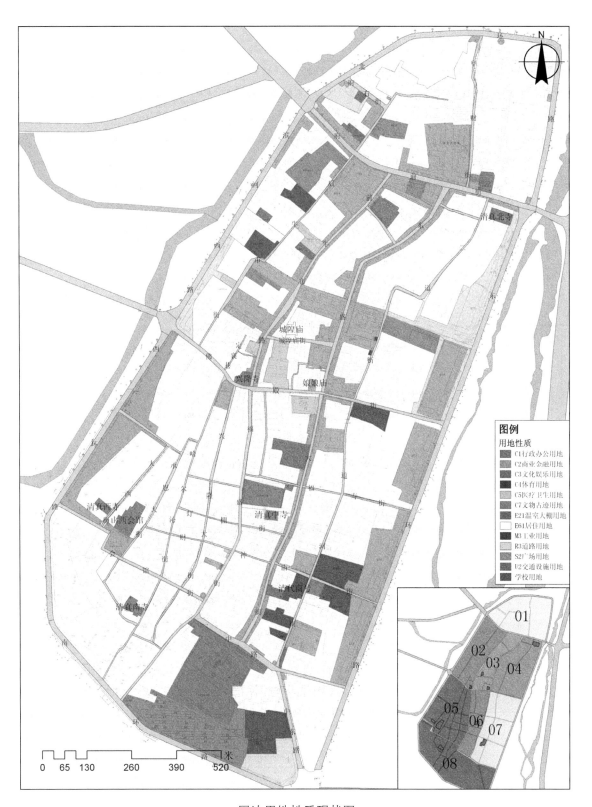

图例

用地性质
- C1行政办公用地
- C2商业金融用地
- C3文化娱乐用地
- C4体育用地
- C5医疗卫生用地
- C7文物古迹用地
- E21温室大棚用地
- E61居住用地
- M3工业用地
- R3道路用地
- S2广场用地
- U2交通设施用地
- 学校用地

周边用地性质现状图

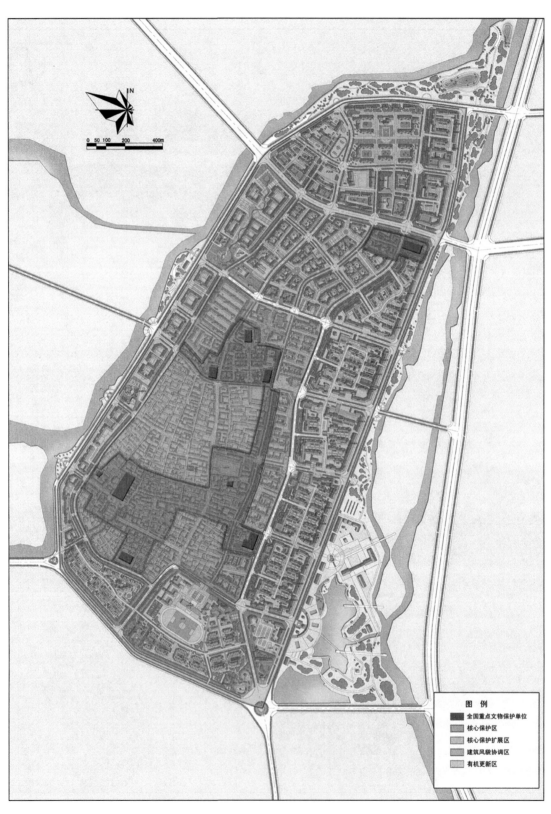

历史名镇与旧区详规中的保护区划图（一）

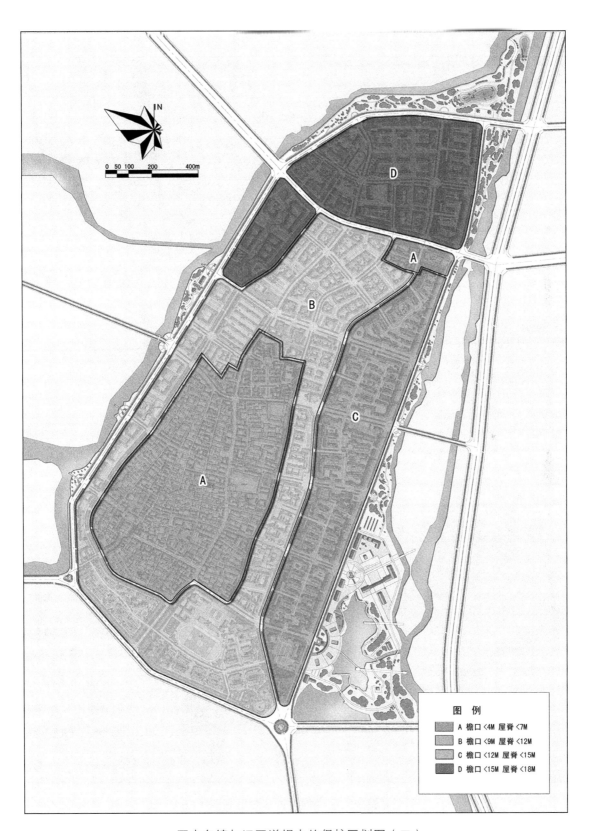

历史名镇与旧区详规中的保护区划图（二）

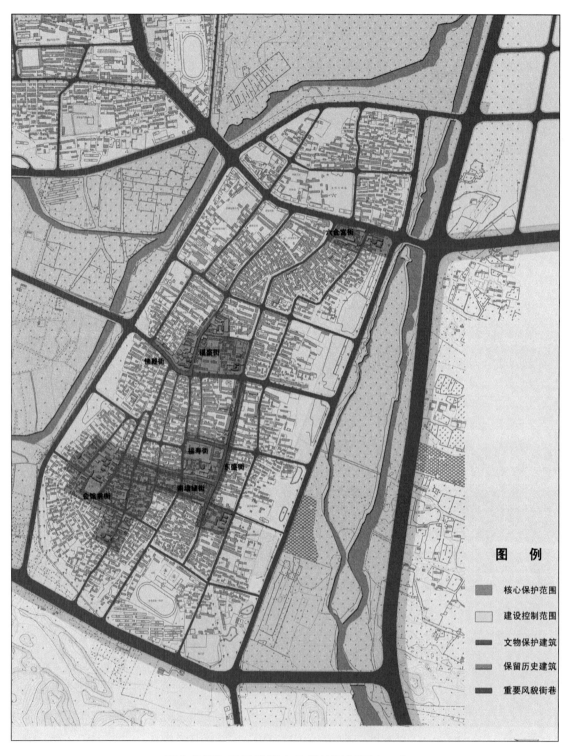

历史名镇与旧区详规中的保护区划图（三）

图　例

核心保护范围
建设控制范围
文物保护建筑
保留历史建筑
重要风貌街巷

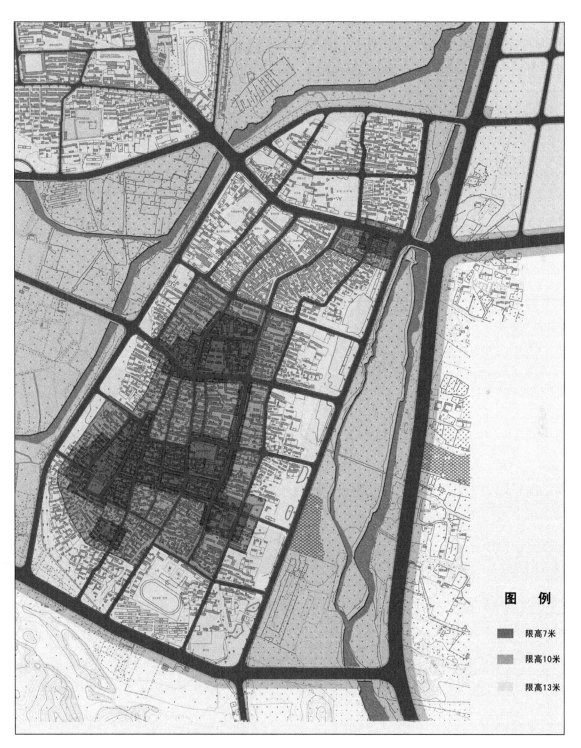

图 例

限高7米

限高10米

限高13米

历史名镇与旧区详规中的保护区划图（四）

规

划

篇

第一章 规划总则

第一节 编制说明

一、编制背景

多伦诺尔古建筑群为全国重点文物保护单位，为有效保护多伦诺尔古建筑群的文物真实性、完整性和延续性，科学、合理、适度地发挥文化遗产在地方城镇发展和现代化建设中的积极作用，特编制本规划。

二、规划性质

《多伦诺尔古建筑群文物保护规划》是在遵守相关的文物保护、生态环境保护、文化旅游等基本原则基础上编制的多伦诺尔古建筑群及其历史环境的文物保护专项规划。

三、指导思想

坚持"保护为主，抢救第一，合理利用，加强管理"的文物工作方针，对多伦诺尔古建筑群的保护和利用进行科学合理的统筹策划，使其历史真实性和完整性得到保护和延续；正确处理文物保护与城镇建设发展的关系，促进文化遗产的可持续发展。

四、编制依据

（一）主要依据

《中华人民共和国文物保护法》（2002 年 10 月）

《中华人民共和国文物保护法实施条例》（2003 年 7 月）

《中国文物古迹保护准则》（2002 年）

《中华人民共和国城乡规划法》（2008 年）

《全国重点文物保护单位保护规划编制审批办法》（2004 年）

《全国重点文物保护单位规划编制要求》（2004 年）

《全国重点文物保护单位记录档案工作规范（试行）》（2003 年 11 月 24 日）

《全国重点文物保护单位保护范围、标志说明、记录档案和保管机构工作规范（试行）》（1991 年 3 月 25 日）

国务院《关于加强文化遗产保护工作的通知》（2006 年 2 月）

《古建筑木结构维护与加固技术规范》（1992 年 9 月发布，1993 年 5 月实施）

《文物保护工程管理办法》（2003 年 4 月）

《内蒙古自治区文物保护条例》（2005 年）

（二）参考文件

《北京文件——关于东亚地区文物建筑保护与修复》（2007 年）

《城市规划编制办法》（2005 年）

《中华人民共和国环境保护法》（1989 年 12 月）

《中华人民共和国自然保护区条例》（1994 年）

《多伦县文物古迹保护暂行办法》多伦县人民政府（2006 年 10 月）

五、规划期限

规划期限为 20 年，分三期实施：

近期 2011 年—2015 年年底（5 年）

中期 2016 年年初—2020 年年底（5 年）

远期 2021 年年初—2031 年年底（10 年）

六、规划范围

多伦诺尔古建筑群保护规划是以全国重点文物保护单位诺尔古建筑群为核心的综合性保护规划，包括诺尔古建筑群文物本体及其周边的城镇和自然环境，规划考虑范围约 12 平方千米。

第二节 基本对策

一、保护对象认定

（一）保护对象认定的原则

基于对多伦诺尔古建筑群文物认定的基础上，通过对现状考察及历史沿革的分析，明确保护对象和规划内容，并依照相关法规对保护对象及其所处环境进行评估，制定相应保护、管理、利用措施。

保护对象的认定包括所有能体现文物价值的文物本体及其相关环境，保护对象必须具有历史的真实性。

（二）保护对象的认定

1.文物本体：多伦诺尔古镇现有保存完好的九处多伦诺尔古建筑群及其历史院落。

（1）空间格局（包括历史院落空间格局）：多伦诺尔古建筑群完整的历史空间分布格局。古建筑群院落与历史街道的空间关系。多伦诺尔古建筑群内的历史院落和古建筑遗存之间的空间关系。

（2）文物建筑（九处多伦诺尔古建筑群内的文物建筑）：

山西会馆：山门（SX-01）、下宿（SX-02）、戏楼（SX-03）、过殿（SX-04）、西长廊（SX-05）、东长廊（SX-06）、议事厅（SX-07）、西配殿（SX-08）、东配殿（SX-09）、关帝庙（SX-10）、钟楼（SX-11）、鼓楼（SX-12）、西厢房（SX-13）、西耳门（SX-15）、东耳门（SX-16）、西倒座（SX-17）、东倒座（SX-18）、西角门（SX-19）、东耳房（SX-20）、西耳房（X-21）。

兴隆寺：山门（XL-1）、西配楼（XL-2）、东配楼（XL-3）、东配房（XL-4）、钟楼（XL-5）、天王殿（XL-6）。

娘娘庙：南配房（NN-1）、南配殿（NN-2）、南耳房（NN-3）、大殿（NN-4）、北耳房（NN-5）、北配房（NN-6）、北配殿（NN-7）。

城隍庙：西配殿（CH-1）、东配殿（CH-2）、东厢房（CH-3）、西厢房（CH-4）。

清真南寺：山门（NS-1）、北讲堂（NS-2）、礼拜殿（NS-3）、南讲堂（NS-4）。

清真北寺：山门（BS-1）、北讲堂（BS-2）、南讲堂（BS-3）、礼拜殿（BS-4）、邦克楼（BS-5）。

清真中寺：礼拜殿（ZS-1）。

清真西寺：礼拜殿（XS-1）。

清代商号：前院正房（SH-1）、南房（SH-2）、后院正房（SH-3）、配房（SH-4）。

（3）文物院落（九处多伦诺尔古建筑群内的文物院落）：包括山西会馆院落、兴隆寺院落、娘娘庙院落、城隍庙院落、清真南寺院落、清真北寺院落、清真中寺院落、清真西寺院落、清代商号院落。

2.遗产环境：与多伦诺尔古建筑群价值相关的历史环境，包括山西会馆山门前的广场空间环境等。

二、规划原则

基本原则："保护为主、抢救第一、合理利用、加强管理"文物工作十六字方针。

不改变文物原状，保障文物安全，保存文物及其环境的真实性、完整性、延续性。

在强调保护文物本体同时，强调历史环境保护的重要性，使文物保护、旅游发展、生态环境保护和城市建设协调发展。

三、规划目标

在规划期限内，真实、全面地保存并延续多伦诺尔古建筑群的历史信息及全部价值，推动多伦诺尔古建筑、边疆历史、民族文化等方面学术研究、传播和发展，使文物保护单位的保护和管理能力达到国际标准，强化多伦诺尔古建筑群在地方社会发展中的重要地位，充分发挥文化遗产造福当代、惠泽后世的社会文化价值。

（一）保护区划目标

完善保护规划的区划要求，细化全国重点文物保护单位多伦诺尔古建筑群的保护区域，细化各区域的保护管理要求，提高整体保护的可操作性和执行力度。

（二）保护措施目标

在规划期限内，真实、全面地保存并延续多伦诺尔古建筑群的历史信息及全部价值，实现多伦诺尔古建筑群现有文物遗存得到全面和完整保护，实现多伦诺尔古建筑群的环境风貌和多伦东、西城区街镇建设和谐发展。

本体保护：进一步抢救性保护现有各文物建筑，恢复多伦诺尔古建筑群的历史完整性，收集并保护相关附属文物。

环境保护：保护多伦诺尔古建筑群的环境风貌特征，保护重要的历史景观要素，控制建设，保护环境质量。

日常维护：规范与完善现有的管理机构，健全管理体制，构建适宜的日常管理体系。

（三）利用规划目标

在规划期限内，建成以多伦诺尔古建筑群为核心的锡林郭勒盟多伦县的重要的文化景点。

利用强度：探索利用开发的模式，合理规划建设，控制利用强度，谋求有效保护与合理利用的最佳途径。

展陈体系：加强区域联系和协作，充分展示多伦诺尔古建筑群完整的价值和历史信息，协调展示开发与其他社会功能的关系。

游客管理：确立游客对象的类型，整体提升管理水平与服务质量，协调游客与文物保护的关系。

宣传教育：广泛动员全社会对文物保护的关心和支持，加强相关历史文化的宣传教育。

（四）管理规划目标

在规划期限内，使文物保护单位的保护和管理水平更符合国家管理要求，与时俱进，争取达到国内先进水平。

运行管理：加强文物管理各个环节运行的规范化，引入高新技术手段，提高遗址保护管理的科技含量。

日常管理与监测：在规划期限内，加强监测系统运行管理，增强协调能力。

工程管理：加强工程管理，提高保护水平。

组织管理：建立规范化的管理制度，完善文物保护的机构建设和职能配置，加强遗产保护和研究管理。

职工队伍：提高职工综合素质和业务技能，加强培训和学习，改善保护和管理能力。

基础设施：调整和完善多伦诺尔古建筑群的基础设施建设，为保护和管理工作提供必要的支撑。

四、规划策略

（一）对于遗产本体

尽可能减少对遗存本体的干预，确保文物的真实性、安全性、完整性。

提高保护措施的科学性。

加强日常保养和检测，预防灾害侵袭。

坚持科学、适度、持续、合理的利用，充分展示文物的价值和历史信息。

提倡公众参与，注重普及教育，鼓励文物保护的科学研究。

（二）对于遗产环境

注重保持多伦诺尔古建筑群与周边城市功能区的协调关系，确保空间格局的稳定性和相对完整性。

协调与汇宗寺、善因寺之间的关系，防止不当利用，注重风貌协调，层级控制，避免建设性破坏等现象。

提升多伦诺尔古建筑群在多伦县社会文化生活中的地位，强调发挥当代的社会文化价值。

强调历史环境整体保护，注重多伦诺尔古建筑群与多伦县其他文化资源的整体保护和开发相结合。

五、本规划与其他规划的衔接

（一）《多伦诺尔历史名镇保护规划》中的保护区划及建设控制要求

控高一层区域：主要是指靠近保护建筑并有可能形成视觉冲突的地段，新建、改建的建筑控制为一层坡屋顶传统建筑。建筑檐口高度不超过 4 米，屋脊总高不超过 7 米。古镇核心保护范围内，均按一层控高区控制。在核心保护范围内的保护建筑、历史建筑以及依历史建筑原样复建的建筑不受此限。

（二）《多伦诺尔镇旧区详细规划》中的保护区划及管理控制要求

保护与发展分区：

1. 核心保护区：

严格遵守保护规划中核心保护区的划定范围及保护要求。

2. 建设控制区：

综合考虑多伦旧城区保护与发展的需求，在原保护规划的基础上，对建设控制区细分为三个区域：核心保护扩展区、风貌协调区、有机更新区。

A. 核心保护扩展区：将佛殿街以南、山西会馆以北片区划为核心保护扩展区，以此连通山西会馆和兴隆寺两大片区，使原核心保护区成为一个连通的整体。

核心保护区与核心保护扩展区共同构成多伦诺尔旧城传统风貌区。

B. 风貌协调区：在核心保护区北侧、东侧及南侧划定为风貌协调区，区内建筑高度 1 ~ 2 层，保持传统机理格局，形成核心保护区与有机更新区之间的风貌过渡缓冲区域。

C. 有机更新区：以上区域之外的其余区域划定为有机更新区，其中以重建、新建为主，建筑高度控制在 4 ~ 5 层以下，建筑体量、形式、色彩、立面设计要与旧城区的整体风貌相协调。

第二章　保护区划

第一节　保护区划的策划

一、策划目标

进一步完善保护区划，细化区划分级，提高保护区划的可实施性。

二、划分依据

《文物保护法实施条例》第九条规定。

《文物保护法实施条例》第十三条规定。

《文物全国重点文物保护单位保护范围、标志说明、记录档案和保管机构工作规范（试行）》第二章第三条规定。

多伦诺尔古建筑群文物本体分布状况及遗存可能分布区。

多伦诺尔古建筑群文物本体的安全性和完整性，相关保护对象的安全性和完整性。

历史环境主要构成要素的分布范围及其完整性；景观环境的协调性，周边区域城市、人文环境现状。

周边城市的社会经济发展的可能性及规划实施的有效性和可操作性。

三、保护区划

本规划将多伦诺尔古建筑群的保护区划划分为保护范围、建设控制地带两个层次。

第二节 保护区划划定

一、保护范围的划定

保护范围：总占地面积：20280平方米，总建筑面积：4211平方米。

（一）山西会馆

包括现有山西会馆建筑群和东侧居民院落，占地面积为6887平方米，重点保护建筑的建筑面积为1266平方米。地块平面呈不规则形状。东至承恩大街路西边界，南至现有围墙边界，西至现有院落建筑西外墙及围墙处，北至北侧围墙处为边界。

（二）兴隆寺

包括现有兴隆寺院落和西侧居民院落及东北侧民居建筑，占地面积为1755平方米，重点保护建筑的建筑面积385平方米。

地块平面呈五边形。东至前牛市街路西边界，南至佛殿街路北边界，西至西侧民居围墙及建筑西侧外墙处，北至北侧民居建筑北侧外墙处。

（三）娘娘庙

以现有娘娘庙院落围墙为界，占地面积为670平方米，重点保护建筑的建筑面积356平方米，地块平面呈长方形。重点保护建筑为南配房、南配殿、南耳房、大殿、北耳房、北配房、北配殿。东至院落东居民建筑后檐外墙为界，南至南配殿、配房南外墙为界，西至大殿后檐墙为界，北至北配殿后檐墙为界。

（四）城隍庙

以现有城隍庙院落围墙为界，占地面积为1044平方米，重点保护建筑的建筑面积201平方米，地块平面呈长方形。重点保护建筑为东西配殿及东西耳房。东至院落东围墙为界，南至院落南侧居民建筑南外墙为界，西至西配殿后檐墙为界，北至院落北侧居民房后檐墙为界。

（五）清真南寺

包括现有清真南寺院落，占地面积为2357平方米，重点保护建筑的建筑面积516平方米。地块平面呈L形。东至院落东围墙为界，南至礼拜殿南10米为界，西至礼拜殿西13米处围墙为界，北至礼拜殿20米处围墙为界。

（六）清真北寺

以现有清真北寺围墙为界，占地面积为 2910 平方米，地块平面呈倒凸字形。重点保护建筑为山门、礼拜殿（正殿）、邦克楼（窨殿）、南北讲堂，重点保护建筑的建筑面积为 575 平方米。东至院落东围墙为界，南至院落南围墙为界，西至院落西围墙为界，北至院落北围墙为界。

（七）清真中寺

以现有院落其他建筑前檐墙体为界，主要保护清真中寺礼拜殿建筑，包括现有清真中寺礼拜殿铺装院落，占地面积为 1265 平方米，重点保护建筑的建筑面积为 208 平方米。地块平面呈长方形。东至院落东围墙为界，南至院落南居民建筑后檐墙为界，西至院落西围墙为界，北至院落北浴室建筑前檐为界。

（八）清真西寺

包括现有清真西寺大殿和东侧居民院落，占地面积为 1300 平方米，重点保护建筑的建筑面积为 220 平方米。地块平面呈长方形。东至大西街路西边界，南至现有围墙边界，西至大殿西外墙 4 米处，北至北侧围墙及民居建筑北侧外墙处。

（九）清代商号

包括现有清代商号院落，以现有围墙为界，占地面积为 2902 平方米，重点保护建筑的建筑面积为 485 平方米。地块平面呈 L 形。东至二道河街路西边界，南至前院正房南约 30 米处围墙及建筑外墙处为界，西至现有院落围墙及建筑西外墙为界，北至财神庙街路南边界。

二、建设控制地带的划定

建设控制地带：总占地面积 103633 平方米。

（一）山西会馆

主要包括山西会馆四周民居建筑群，占地面积为 30597 平方米；东至哈尔沁街路西边界，南至会馆街路北边界，西至大西街路东边界，北至会馆北侧院落围墙北约 50 米处。

（二）兴隆寺

主要包括兴隆寺保护范围外西北侧民居建筑群，占地面积为 3250 平方米；东至前牛市街路西边界，南至佛殿街路北边界，西至定襄巷道路东边界，北至距钟楼北外墙约 45 米处巷道路南边界。

（三）娘娘庙

以娘娘庙保护范围围墙为界，占地面积为 4196 平方米，东至东盛大街路西边界，南至佛殿街路北边界，西至约 50 米处巷道路东边界，北至约 30 米处巷道路南边界。

（四）城隍庙

以城隍庙保护范围院落围墙为界，占地面积为 5277 平方米，东至东配殿东约 25 米处建筑外墙处，南至城隍庙街路北边界，西至前牛市街路东边界，北至现有巷道路南边界。

（五）清真南寺

主要包括清真南寺保护范围外南、北侧民居建筑群，占地面积为 3902 平方米；东至哈尔沁街南段路西边界，南至大殿南约 25 米处巷道北边界，西至大殿西围墙外 25 米处为边界，北至大殿北约 75 米处巷道南边界。

（六）清真北寺

以现有清真北寺围墙为界，占地面积为 7983 平方米，东至东一环路路西边界，南至 45 米处居民房建筑外墙，西至二道街路东边界，北至府前街路南边界。

（七）清真中寺

主要包括清真中寺保护范围外周边民居建筑群，占地面积为 17421 平方米；东至东盛街路西边界，南至南墙缝街路北边界，西至福盛街路东边界，北至福寿街路南边界。

（八）清真西寺

主要包括清真西寺保护范围外西、北、南侧民居建筑群，占地面积为 6767 平方米；东至大西街路西边界，南至大殿南约 40 米处，西至大殿西约 55 米处，北至大殿北约 30 米处。

（九）清代商号

主要包括清代商号保护范围外西南侧民居建筑群，占地面积为 9409 平方米；东至哈二道河街路西边界，南至大殿南约 60 米处居民建筑北外墙处，西至东盛大街路东边界，北至财神庙街路南边界。

第三节　管理要求

一、保护区划统一管理规定

本规划经批准后，保护区划与主要保护措施应纳入《多伦县总体规划》，与《内蒙古自治区多伦诺尔历史文化名镇保护规划》相衔接，《内蒙古多伦诺尔镇旧区详细规划》等详细规划设计文件应符合本规划。

有关保护区划、管理规定和利用功能等强制性内容的变更必须按照《全国重点文物保护单位保护规划编制审批办法》的规定程序办理。

本规划划定的保护范围与建设控制地带按照《中华人民共和国文物保护法》及相关法律法规文件执行管理。

二、保护范围管理规定

本区范围与文物安全性紧密相关，土地性质调整为文物古迹用地，由多伦县诺尔古建筑文物管理部门主导管理。

除保护工程外，本区域不得进行任何与保护措施无关的建设工程或者爆破、钻探、挖掘等工作；因特殊情况需要进行其他建设工程或者爆破、钻探、挖掘等作业的，必须充分保障文物的安全性，并按规定程序报国家文物局批准。

不得进行任何有损文物本体的活动，不得建设有可能污染文物保护单位及其环境的设施，不得进行可能影响文物保护单位安全及其环境的活动；对已构成破坏和影响文物安全性的因素必须采取保护措施，破坏性设施应当限期治理。

本区范围内不得再进行任何与文物保护、利用、管理无关的建设活动；实施工程只能与文物保护、文物安全、文物管理以及园林绿化有关。

本区内与文物保护及园林绿化的有关工程，应依据历史研究和考古资料进行，形式应与文物本体历史风貌相协调。必须按照《中华人民共和国文物保护法》等法律法规的相关法定程序办理报批审定手续。

本区内重要的历史环境要素如古树、植被等予以保留和保护，维持原有绿化功能，严禁砍伐树木等和任何污染和破坏环境的活动。

三、建设控制地带管理规定

建设控制地带内不得建设污染文物保护单位及其环境的设施，不得进行可能影响文物保护单位及其环境安全的活动。对已有的污染文物保护单位及其环境的设施，应当限期治理。

建设控制地带内应保持历史环境风貌，不得对有价值的景观要素进行人工改造。

本区内建设以文物展示、文化开发、旅游服务等功能为主，限制非文化类的商业经营设施等。

本区的工程设计方案应当由国家文物局同意后，报地方建设规划部门批准。

本区为诺尔古建筑群周边的地块范围，以控制传统街区的外观风貌为主，建筑风貌应与诺尔古建筑群传统建筑相协调，建筑密度不宜大于30%，层数不超过1层，檐口高度不得高于4米，屋脊总高不超过7米。建筑屋顶宜采用古建筑传统形式，屋面宜选用灰色筒瓦或板瓦，墙体宜选用传统小青砖墙体。

拆除或改造本地带内与诺尔古建筑群不协调的住宅、商业等建筑。

四、保护区划的公布与界定

经本规划确定后的边界经国家文物局评审通过后，应尽快依照法定程序由内蒙古自治区人民政府公布。

保护范围边界应落实界标、围栏和标志牌，以示公众。

标志说明牌应按照《全国重点文物保护单位保护范围、标志说明、记录档案和保管机构工作规范（试行）》第三章要求执行。

第三章 保护措施

第一节 制定和实施原则

依据文物保护单位的现状、环境和文物价值制定相应的保护措施。

制定文物保护单位的具体保护措施，尤其是对重要文物的重点保护措施应采取审慎的态度。在保护措施和技术不够成熟的情况下，首先考虑保护措施具有可逆性。

上述所有保护措施的运用必须建立在对各文物建筑、文物院落所存在的具体问题的实际调研和科学分析的基础上，技术方案必须经主管部门组织有关学科专家和保护工程专家参加论证后方可实施。

列入保护规划的保护工程，必须委托具有相关资质的专业机构进行专项设计，设计方案必须符合各类工程的行业规范，依法律程序经过主管部门审批后方才可实施。

第二节 文物保护措施

一、文物建筑保护措施

多伦诺尔古建筑群文物建筑的保护措施，根据《文物保护工程管理办法》、《古建筑木结构维护与加固技术规范》、《中国文物古迹保护准则》及《关于〈中国文物古迹保护准则〉若干重要问题的阐述》的有关条款，根据现状评估的结论，分为四类：日常保养工程、现状整修工程、重点修缮工程、抢救修缮工程。其中部分建筑遗存已在实施复原修复的抢险工程。

保护措施说明表

类型	内容
日常维护	针对保存较好的建筑，对建筑进行日常维护，清理，定期进行保养。
现状整修	针对保存较好，无重大结构隐患，局部存在残损或人为不当添加物的建筑，整体清理，修缮局部残损，去除不当添加物。
重点修缮	针对建筑价值较高，残损较严重，存在一定的结构安全隐患的建筑。对建筑进行重点维修，修复残损，恢复原状。
抢救修缮	针对建筑残毁严重或部分坍塌，建筑存在严重结构安全问题、保护问题紧迫的建筑进行抢险加固，消除安全隐患，全面进行修复。

文物建筑修缮措施表

单位名称	建筑编号	建筑名称	建筑年代	结构可靠性	保护措施
山西会馆	SX-01	山门	清	Ⅰ类建筑	日常保养
	SX-02	下宿	清	Ⅱ类建筑	现状整修
	SX-03	戏楼	清	Ⅱ类建筑	现状整修
	SX-04	过殿	清	Ⅱ类建筑	现状整修
	SX-05	西长廊	清	Ⅰ类建筑	日常保养
	SX-06	东长廊	清	Ⅰ类建筑	日常保养
	SX-07	议事厅	清	Ⅱ类建筑	现状整修
	SX-08	西配殿	清	Ⅰ类建筑	日常保养
	SX-09	东配殿	清	Ⅰ类建筑	日常保养
	SX-10	关帝庙	清	Ⅱ类建筑	现状整修
	SX-11	钟楼	清	Ⅰ类建筑	日常保养
	SX-12	鼓楼	清	Ⅰ类建筑	日常保养
	SX-13	西厢房	清	Ⅰ类建筑	日常保养
	SX-15	西耳门	清	Ⅰ类建筑	日常保养
	SX-16	东耳门	清	Ⅰ类建筑	日常保养
	SX-17	西倒座	清	Ⅰ类建筑	日常保养
	SX-18	东倒座	清	Ⅰ类建筑	日常保养
	SX-19	西角门	清	Ⅰ类建筑	日常保养
	SX-20	东耳房	清	Ⅰ类建筑	日常保养

续　表

单位名称	建筑编号	建筑名称	建筑年代	结构可靠性	保护措施
	SX-21	西耳房	清	Ⅰ类建筑	日常保养
兴隆寺	XL-1	山门	清	Ⅲ类建筑	重点修缮
	XL-2	西配楼	清	Ⅲ类建筑	重点修缮
	XL-3	东配楼	清	Ⅰ类建筑	日常保养
	XL-4	东配房	清	Ⅲ类建筑	重点修缮
	XL-5	钟楼	清	Ⅲ类建筑	重点修缮
	XL-6	天王殿	清	Ⅲ类建筑	重点修缮
娘娘庙	NN-1	南配房	清	Ⅲ类建筑	重点修缮
	NN-2	南配殿	清	Ⅳ类建筑	抢救修缮
	NN-3	南耳房	清	Ⅳ类建筑	抢救修缮
	NN-4	大殿	清	Ⅳ类建筑	抢救修缮
	NN-5	北耳房	清	Ⅲ类建筑	重点修缮
	NN-6	北配房	清	Ⅳ类建筑	抢救修缮
	NN-7	北配殿	清	Ⅲ类建筑	重点修缮
城隍庙	CH-1	西配殿	清	Ⅲ类建筑	重点修缮
	CH-2	东配殿	清	Ⅳ类建筑	抢救修缮
	CH-3	东厢房	清	Ⅲ类建筑	重点修缮
	CH-4	西厢房	清	Ⅳ类建筑	抢救修缮
清真南寺	NS-1	山门	清	Ⅳ类建筑	抢救修缮
	NS-2	北讲堂	清	Ⅳ类建筑	抢救修缮
	NS-3	礼拜殿	清	Ⅳ类建筑	抢救修缮
	NS-4	南讲堂	清	Ⅲ类建筑	重点修缮
清真北寺	BS-1	山门	清	Ⅲ类建筑	重点修缮
	BS-2	北讲堂	清	Ⅰ类建筑	日常保养
	BS-3	南讲堂	清	Ⅲ类建筑	重点修缮
	BS-4	礼拜殿	清	Ⅱ类建筑	现状整修
	BS-5	邦克楼	清	Ⅲ类建筑	重点修缮
清真中寺	ZS-1	礼拜殿	清	Ⅰ类建筑	日常保养

续　表

单位名称	建筑编号	建筑名称	建筑年代	结构可靠性	保护措施
清真西寺	XS-1	礼拜殿	清	Ⅳ类建筑	抢救修缮
清代商号	SH-1	前院正房	清	Ⅲ类建筑	重点修缮
	SH-2	南房	清	Ⅲ类建筑	重点修缮
	SH-3	后院正房	清	Ⅳ类建筑	抢救修缮
	SH-4	配房	清	Ⅲ类建筑	重点修缮

二、文物院落保护措施

多伦诺尔古建筑群文物院落的保护措施，参照文物建筑修缮的类型，根据多伦诺尔古建筑群院落现状评估情况，分为三类措施。

保护措施说明表

类型	内容
日常保养工程	系指院落地面保存完好，进行地面日常性、季节性的维护和养护。
现状整修工程	针对院落保存较好，地面铺装局部残损。主要工作是清理归安台阶，清除地面杂草，更换风化严重的构件，去除后期人为不当改造，恢复完整的传统格局。
整治改造工程	针对院落残破严重，地面铺装大部分损毁。主要工作是清除地面堆放杂物，清除地面杂草，根据历史遗迹和遗存调查，全面修缮院落，恢复原有格局。

根据现状评估结论，列出多伦诺尔古建筑群各文物院落的保护措施表。

院落保护措施表

院落编号	院落名称	综合评估	院落改造措
01	山西会馆	A	日常保养
02	兴隆寺	D	整治改造
03	娘娘庙	D	整治改造
04	城隍庙	D	整治改造
05	清真南寺	D	整治改造
06	清真北寺	B	现状修整

院落编号	院落名称	综合评估	院落改造措
07	清真中寺	B	现状修整
08	清真西寺	D	整治改造
09	清代商号	C	整治改造

三、围墙保护措施

多伦诺尔古建筑群各处文物建筑群院落现状围墙大部分缺失无存，个别文物院落围墙为近年临时砌筑的红砖墙体，建议对现院落周围围墙墙基及形制进行深入勘察，根据勘察结果，另行设计复原原有围墙，按照原有围墙材质、施工及做法恢复历史风貌，保证多伦诺尔古建筑群围墙与文物院落、建筑的整体统一。

第三节　环境整治措施

一、用地性质调整建议

（一）土地利用调整原则

本规划对文物保护单位多伦诺尔古建筑群保护范围涉及的相关土地使用，提出各类用地性质的规划建议。

凡保护范围内的土地使用必须按照保护规划要求严格控制，不得随意改变保护规划所规定的用地类别。若需变更，必须按照规划变更的审批要求办理相应的手续。凡规划征用为保护区用地的土地，应收归国有，并附准确的地形图。

（二）用地性质控制

明确强调多伦诺尔古建筑群及其所在环境作为文物保护单位的特殊属性，在整个区域内以多伦诺尔古建筑遗存及周边遗存区为主体，适当发展为旅游服务的展览、餐饮、宾馆和商业设施，严格限制大规模城市开发建设。

各类建设控制地带的相关要求应按照本规划保护区划的管理要求严格执行。

多伦诺尔古建筑群周边地块依据本规划保护区划和控制地带的要求，分为1～8，8个地块和周围道路用地，给出相应的规划性质建议，明确规划建设的相关要求。

用地性质规划建议表

地块编号	文物古迹	居民住宅	商业用地	文化娱乐	金融保险	旅馆业	医疗卫生	公共服务设施	广场或停车场	公共工程
01		●						●	●	●
02	●	●	●	●			●		●	●
03	●	●	●	●					●	
04	●	●	●							
05	●	●			●					
06	●	●	●				●		●	
07	●	●	●	●					●	
08	●	●						●	●	
道路									●	

二、周边建筑风貌改造建议

（一）周边建筑改造总体要求

多伦诺尔古建筑群周边建筑应与多伦诺尔古建筑群文化遗产地整体风貌相协调。

按文物保护法的相关要求，多伦诺尔古建筑群周边不得建设污染文物保护单位及其环境的设施和工矿企业。

周边建筑的功能应符合规划用地的性质要求。

周边建筑的风貌改造应符合本规划中保护区划和建设控制地带的相关要求。

（二）周边建筑改造措施

根据保护区划的管理要求，将周边建筑的改造措施分为现状维护、风貌改造、拆除搬迁三类。

1.现状维护

指规划范围以内，对象为建筑高度对景观无影响或影响较小，立面材料、色彩与环境协调，建筑质量较好的建筑；建筑功能与文物保护无冲突，并适用于规划用地性质的建筑。

主要针对与文物建筑群整体风貌协调的古建筑；包括文物建筑群周围保留传统风貌较好的建筑以及其他区域内符合区划管理要求的传统建筑。

对此类建筑，以修缮加固为主，结合具体规划使用要求进行功能、形式的调整，控制建筑规模、主体色彩与质感需要与多伦诺尔古建筑群整体相协调，屋顶采用坡屋顶灰色瓦样式。

主要改造对象：主要是建筑风貌评估中评估结果是风貌代表性建筑、与环境协调的建筑。

2.风貌改造（包括立面改造和功能改造）

（1）立面改造（对象为建筑立面材料、色彩与环境不协调的建筑）

去除外立面上与传统风貌不协调的构件及装饰，包括铝合金门窗、大面积饰面砖、大幅商业广告及灯箱等。

外立面粉刷颜色应与周边环境协调，建议涂刷灰色或近砖红的颜色。

进行顶部改造，将平顶改建为两坡顶。

降低建筑层数，通过视线分析把建筑高度过高，对文物建筑群景观视线影响较大的建筑高度降低。

主要改造对象：实施此类改造措施的主要是建筑风貌评估中评估结果是不协调和极不协调的建筑；一般建筑是多伦诺尔古建筑群南侧的多层住宅和商业建筑。

（2）功能改造（对象为现状功能不符合保护要求的建筑）

改变现状使用功能，使之与保护管理工作相协调。

对内部设施与外部立面进行改造，符合管理需求及与景观环境协调。

主要改造对象：实施此类改造措施的一般建筑是古建筑群周围商业和经营性建筑。

3.拆除搬迁

主要针对风貌评估结果为不协调和极不协调，改造难度较大，或规划后需要调整用地性质的建筑，建议拆除搬迁。

主要改造对象：包括位于保护范围内的住宅、商业建筑。

周边建筑的改造再利用，应在保证文物建筑历史环境延续性的前提下进行，尽量维持原有建筑的位置、规模，主体结构和主要建筑材料应符合传统风貌的要求，不得有过分醒目张扬的添加构件和设施。

保护范围及建设控制地带内一般建筑改造措施对应建筑面积统计表

	建筑数量	建筑面积（万平方米）	面积比（%）
现状维护	81	0.67	20
立面改造	238	2.17	60
拆除	79	0.56	20
小计	398	3.40	—

三、建筑改造措施重点实施对象

拆除山西会馆东侧至承泰大街的商铺及民居建筑；拆除兴隆寺西侧院落建筑使其恢复完整院落。

拆除不协调建筑后所空出的用地作为文物展示、文物储存、办公管理建筑所使用。

确保文物保护范围与建设控制地带的建筑密度及建筑高度达到国家标准要求。

四、景观保护措施

在临近古建筑群的区域规划上应考虑在用地性质、建筑功能、色彩和高度等方面与古建筑群传统风貌相协调。

院落内的环境整治采用青砖铺墁、自然植物和沙石素土等自然材料。绿化宜保持多伦诺尔古建筑群风貌协调统一。

周围环境内限制建设，按规划要求控制建筑密度，保证绿化覆盖率。

对周边环境进行清理，加强管理，禁止倾倒生活垃圾。

在建设控制地带内进行的建筑物、构筑物、绿化、道路、小品等景观设计，其形象必须符合多伦诺尔古建筑群的文物价值，满足文物环境的历史性、场所性、完整性的前提下，进行功能和造型设计。

第四节　基础设施规划

一、基础设施治理措施基本要求

与《内蒙古多伦诺尔历史文化名镇保护规划》《内蒙古多伦诺尔镇旧区详细规划》中相关规划及要求相衔接。

主要针对保护区划范围内，文物保护单位基础设施应与市政管线相衔接。

文物建筑群内部及周边的基础设施改造应遵循不破坏文物、不损坏历史信息、尽可能不破坏所在历史环境的原则；对于已建设的基础设施，应根据建筑改造措施采取调整建筑位置、改善建筑外观的措施。

二、道路整治与改造建议

遵循《内蒙古多伦诺尔历史文化名镇保护规划》与《内蒙古多伦诺尔镇旧区详细规划》中道路系统规划基本要求。

对于保护范围及建控地带以内的道路系统改造注重利于文物古建筑群的保护与长远发展，与旧城区发展相协调。

规划沿外环路周围，结合山西会馆、清真北寺等处考虑必要的停车场，满足部分旅游、旧城区居民日常停车需求。保护区周边应通过管理，合理限制机动车进入，以避免对传统风貌造成不利影响。

修整区域的铺装要与古建筑群环境相协调。

三、电力、电信系统

建议保护范围及建设控制地带内电力线、通信、网络、安防等均采用埋地电缆；整治并杜绝区内电线乱搭乱接。

现将院内均按规范调整设置地下管线管道，将所有明线管线均改成暗线分布，线路入地铺设或于内檐隐蔽处规整铺设；古建展室内的电线必须穿管敷设。

建议古建筑物群内凡用电照明严禁使用日光灯、水银灯照明。公共照明灯具建议设计与文物保护单位风貌相衔接，赋予一定文化内涵的造型风格，并且节能环保的灯具。

建议在室外安装开关箱，做到人离电断。严禁使用铜丝、铁丝、铝丝等其他金属代替，有关照明设施应远离可燃、易燃物质。

四、给、排水系统

多伦诺尔古建筑群各处文物点用水以管理人员日常生活及消防用水为主，绿化、旅游展示、旅游服务为辅。

根据消防需要和生活给排水要求，结合市政给排水管网统一规划设计保护区划范围内排水系统，敷设给排水管线，尽量做到雨污分流，满足文物建筑消防及日常工作需求。

建议文物院落内均设置暗沟，利用暗沟排放雨水，并设立污水井。排水方向由每个跨院的中间向两侧方向排水，最后汇入管沟系统排出。

完善排水系统时必须注意文物建筑和景观的要求，应尽量在不影响文物建筑和景观的隐蔽处敷设。

五、消防系统

完善文物建筑本体的消防系统建设，增强防火意识，建立预防、消防制度。

清理文物本体周边建筑，保证文物建筑与周边一般建筑的有一定的安全距离，确保主要文物建筑物的安全。

完善消防道路，保证消防道路畅通无阻，在满足消防要求前提下应尽可能使文物周边地区管线地埋暗敷，保证与文物建筑群风貌协调一致。

完善院落内地下消防给排水管道、消防栓等消防系统，并在文物建筑内配备消防报警系统与干粉灭火器。

完善文物古建筑单位的重点部位和旅游热点的防火标志、消防指示牌，严禁将易燃、易爆和导火物品带入古建筑和文物单位，以最大限度减少引发火灾的可能性，确保文物古建筑的消防安全。

六、建筑防雷系统

主要遗存建筑及古木应安装有效的防雷设施，并纳入古建筑维修专项经费预算。

七、安防系统

完善多伦诺尔古建筑群各处文物点的安防警报及监控系统，对文物建筑、院落内及围墙四周进行有效监控，保证文物建筑的安全。

建立专门的安防监管部门，配备专职人员及必要的防卫装备，制定保卫制度及防盗应急预案，保证文物建筑的安全性、完整性。

八、环卫系统

重点清理多伦诺尔古建筑群保护范围与建设控制地带内，紧邻院落围墙的垃圾堆。

加强多伦诺尔古建筑群的环境卫生管理，增设和改善公厕，提高公厕标准。

增加环卫专职人员数量，严禁随地乱倒垃圾杂物。

第四章　利用规划

第一节　展示利用原则、目标、策略与要求

一、展示利用原则

以文物古迹不受损伤，公众安全不受危害为前提，文物古迹的利用功能应当尽量与其价值相容。

做好文物本体展示的同时，应做好文物环境的展示，系统展示多伦诺尔古建筑群的风貌特点。

坚持科学、适度、持续、合理地展示利用；展示手段、相关工程必须与文物本体、风格、内涵及其环境相协调。

坚持以社会效益为主，促进社会效益与经济效益协调发展。

注重环境优化，为观众接待和优质服务提供便利。

学术研究和科学普及相结合。

二、展示利用目标

真实全面地展现多伦诺尔古建筑群所含文物古迹的真实性、完整性、延续性；突出其历史价值、艺术价值；充分发挥其社会、经济价值。

三、展示利用策略

展示规划主要根据遗存保护的安全性、文物类型代表性、遗存保存的真实性、完整性、延续性，展示内容的丰富与充实，展示手段的多样与科学，以及旅游服务设施条件等综合因素进行策划。

从历史、文化、民族、艺术等方面充分展示地方资源。

在完善必要的配套服务设施，确保管理行为有效开展的基础上，保证开放时间。

基于当地情况，搜集相应的文物和历史相关遗存，作为展示内容的补充。

加强对外宣传，设置相应的标识系统。

四、展示要求

不破坏多伦诺尔古镇原有历史格局；不破坏文物建筑与历史建筑的本体与环境保护。

不可移动文物必须具备开放条件方可列为展示对象。

展示工程方案应按相关程序进行报批。

所有用于展示服务的建筑物、构筑物和绿化的方案设计必须在不影响文物原状、不破坏历史环境的前提下方可实施。

展示设施在外形设计上要尽可能简洁，淡化形象，缩小体量；材料选择既要与文物本体有识别性，又须与环境获得和谐，尽可能具备可逆性。

展示技术及手段在经济条件许可的前提下尽可能采取高标准。

第二节　展示利用内容、服务对象及利用方式

一、展示利用内容

多伦诺尔古镇建城背景及发展历程。

多伦诺尔古建筑群历史沿革。

多伦诺尔古镇场景复原。

多伦解放历史及多伦抗战历史。

二、展示利用服务对象

多伦县内各学校学生。

多伦县居民。

多伦县以外的旅游散客及团体。

文物及历史研究等相关专业人员。

第三节 展示利用规划

一、展示利用方式

多伦诺尔古建筑群文物建筑的展示以文物建筑本体为主，辅以室内陈列展示相关说明及附属文物。

相关文物单位及历史建筑的展示以实地参观方式为主，辅以多伦诺尔古建筑群内陈列展示相关历史。

总体陈列展览以原貌展示为主，辅以部分相关专题陈列。

陈列展示发展方向以多伦诺尔古建筑群所承载重要相关历史信息为主。

二、多伦诺尔古建筑群内部展示利用

文物建筑本体展示：包括山西会馆、兴隆寺、娘娘庙、城隍庙、清真南寺、清真北寺、清真中寺、清真西寺、清代商号。不改变建筑本体及附属文物的原状，真实展示自身历史形象。

陈列展览展示：山西会馆、清代商号建筑物以原貌陈列为主，以建筑物历史功能为依据，辅之以多伦诺尔重要历史人物、历史事件；展示内容以晋商文化、清代多伦经济贸易活动、多伦民族抗战历史及相关展示内容。

宗教文化展示：清真北寺、清真中寺以穆斯林宗教活动为主，陈列展示主要围绕伊斯兰宗教文化相关内容。

允许为了公共开放与合理利用增设相关设施，但应限制最小范围内，不允许损伤原有结构和构件，所采取的工程应该经过专门机构设计，必须具有可逆性，必要时应能全部恢复至原有状态。

可针对文物院落外围做适当的景观设计，增设适量公共文体设施，引导周边居民来此游憩，激活多伦诺尔古建筑群的社会功能。

第四节　展示利用线路规划

一、多伦诺尔古建筑群参观线路

（一）多伦诺尔古镇内多伦诺尔古建筑群旅游路线

山西会馆及清真西寺→清真南寺→清代商号→清真中寺→娘娘庙→城隍庙→兴隆寺→清真北寺。

主题：多伦诺尔古建筑群建筑原貌与清代多伦经济、商业、贸易活动场景复原及伊斯兰宗教文化展示。

（二）多伦县区域旅游景点组合方式

汇宗寺→善因寺→大榆树→多伦诺尔古建筑群。

主题：相关清代"多伦会盟"、多伦民族政策、经济贸易活动、宗教活动及多伦历史文化、民俗文化等方面的实物和历史资料展。

（三）外部旅游结构层次设计

北京—张家口—多伦—锡林浩特—草原

北京—多伦—锡林浩特—呼伦贝尔—满洲里—海拉尔

二、旅游规模控制估算

1. 文物建筑的开放容量以不损害文物原状、有利于文物管理为前提，容量的测算要讲究科学性、合理性，测算数据必须经实践检核修正。

2. 多伦诺尔古建筑群现文物建筑的开放容量测算应综合考虑以下要求：

观赏心理标准。

文物容载标准。

生态允许标准。

功能技术标准等。

3.文物建筑及院落的瞬时容量计算

日常游客量计算：本次规划对多伦诺尔古建群文物保护单位限定日最高容量，年旅游环境容量需待保护单位具有较成熟开放条件后进行科学的测算。

面积容量法：

$C=A \times D/a$

C——日环境容量，单位为人次

A——可游览区域面积，单位为平方米

a——每位游客占用的合理游览空间，单位为平方米/人（其中文物密集区按10平方米/人，文物分散区按20平方米/人）

D——周转率，景点平均日开放时间/游览景点所需时间

旅游规模控制估算表

开放点	计算面积（平方米）	计算指标（平方米/人）	一次性容量（人）	周转率（次/日）	日游客容量（人次/日）
山西会馆	4736	20	236	3	710
兴隆寺	580	10	58	3	174
娘娘庙	888	10	88	3	266
城隍庙	858	10	85	3	257
清真南寺	1900	20	95	3	285
清真北寺	2910	20	145	3	437
清真中寺	1756	20	87	3	263
清真西寺	1138	10	113	3	341
清代商号	3196	20	160	3	479
合计	—	—		—	3200

4.根据测算，多伦诺尔古建筑群的最大日开放容量估算值为3200人，其中单处文物建筑群开放点单时段最高容量相对较少，规划建议用卡口法对文物建筑的游客量进行控制，游客限时限量由讲解员带队参观，超过规定数量的游客可以考虑先分散到周

边文物建筑群参观游览。

5.正月及黄金周旅游旺季可据此容量控制标准进行调整，建议延长开放时间并根据实际情况控制游客游览时间，尽可能不突破文物建筑的极限容量。

三、展示服务、对外宣传要求

由多伦诺尔古建筑群的管理人员负责对展示内容进行说明，有条件的情况下可以出售简明手册帮助游客了解各种信息。

在山西会馆、清代商号、清真北寺各设置一公共卫生间，外观要与其文物建筑群协调一致，内部设施尽量现代化。

广泛利用传媒，加强宣传力度，介绍文物古迹价值，扩大其知名度。

使用有效展陈形式，吸引不同年龄、文化层次的游客。

出版适合各类读者要求的书刊及音像制品，销售新颖的工艺纪念品。

提高导游和讲解人员的专业素质。

第五章　文物管理规划

第一节　基本原则与管理策略

一、基本原则

坚持"保护为主，抢救第一，合理利用，加强管理"的文物保护方针。

加强管理，监控防治自然破坏，防止人为破坏是有效保护和合理利用多伦诺尔古建筑群的基本保证。

各级政府要重视多伦诺尔古建筑群的文物保护工作，将文物保护工作纳入国民经济和社会发展规划，从上至下地解决好文物保护管理机构的建设，是更好开展文物保护管理工作的有力支持。

二、管理策略

1.加强管理机构建设，建立健全管理规章要求。

2.根据《中华人民共和国文物保护法》，多伦诺尔古建筑群的文物保护与管理应在管理方面落实下列工作。

深化文物管理体制改革，加强文物保护的机构建设和职能配置。

大力推进依法管理，依法行政，健全执法队伍，加大执法力度。

加强对于多伦诺尔古建筑群保护工作的力度，同时应将绥远城重要遗存的保护工作纳入多伦诺尔古建筑群保护体系。

加强对多伦诺尔古建筑群的文物保护工作的政策研究，制定更加科学、合理、严密、完善的规章、制度、政策和规划；严格执行文物保护工作的报批、备案流程。

增加多伦诺尔古建筑群文物保护及管理工作的科技含量，充分利用现代科技成果与手段，提高文物建档、保管、保护、展览、信息传播和科学研究水平。

强化多伦诺尔古建筑群的文物档案的收集、汇编、管理，包括历史文献汇集、现状勘测报告、保护工程档案、检测检查记录、开放管理记录。

积极普及多伦诺尔古建筑群的文物知识，宣传文物的历史、科学、艺术、文化价值及其重要作用，提高全民族的文物保护意识，努力完善国家保护为主，动员全体社会共同参与文物保护的体制。

在确保文物安全、完整的前提下，合理、有效引导各级单位、社会居民正确使用，有效发挥文物的社会价值和经济价值。

第二节　管理机构

一、管理机构

多伦诺尔古建筑群文物管理工作由内蒙古自治区多伦县文物管理局全面负责。

为加强多伦诺尔古建筑群保护办公室专业队伍建设，实现对多伦诺尔古建筑群的高效、科学管理，本着科学设岗、以岗定编的原则，在原办公室人员的基础上，拟申请增编至18人。具体机构设置和人员编制建议如下。

多伦诺尔古建筑群保护办公室领导2人。拟设置科室5个，分别为：古建保护部、文物保管征集部、宣传教育研究部、保卫科、经营服务中心，职工人数共计18人。

现将各科室人员配置和主要职责分述如下：

（一）古建保护部（4人）

人员配置：设主任1人，属员3人。

主要职责：负责古建筑保护和陈列展览的组织和实施。负责古建筑保护规划、保护项目的制定、申报和管理工作，开展相关学术研究，负责陈列展览的设计和实施，承担多伦诺尔古建筑群文化活动、宣传网站的组织和管理，负责全院的对外宣传工作。

（二）文物征集、保管部（3人）

人员配置：设主任1人，属员2人。

主要职责：承担多伦诺尔古建筑群馆藏文物的征集、鉴定工作。负责制定多伦诺小占建筑群文物征集计划与经费预算，提供文物征集信息，组织对征集文物的鉴定、评估，面向社会提供文物咨询和鉴定服务；承担馆藏文物、古树木的科学管理和保护工作。负责馆藏文物的登记、编目、建账、建档工作，负责古树木的管理和养护，为全院陈列展览、业务培训、学术研究以及对外交流提供馆藏文物信息和咨询服务。

（三）宣传、研究部（3人）

人员配置：设主任1人，属员2人。

主要职责：负责观众的组织联络、接待讲解和宣传教育工作，负责讲解员的招聘、培训、管理，开展多种形式的普及性教育活动，负责与旅行社的联系、接洽工作。负责开展全院的学术研究工作。组织协调业务部门的科学研究，负责全院学术研究和科研课题项目的制定、申报、实施，负责展览大纲的制定，组织"流动博物馆"活动等工作。

（四）保卫科（6人）

人员配置：设科长1人，属员5人。

主要职责：承担古建筑群、馆藏文物和陈列文物的安全保卫工作。负责全院安全设施的建设、维护、管理以及安全保卫制度的建立和实施，负责重大节日活动和来院参观重要人物的安全保卫工作，对职工进行安全保卫知识的培训。

（五）服务经营中心（3人）

人员配置：设主任1人，属员3人。

主要职责：负责艺术品和纪念品的经营创收工作。开展文物复仿制品、旅游纪念品的设计、开发，组织实施全院其他的文化产业活动。

二、管理规章

1.以《中华人民共和国文物保护法》《内蒙古自治区文物保护条例》作为多伦诺尔古建筑群文物保护和管理的行政法规。

2.管理规章应以确保本保护规划为主要目标。

3.管理条例主要内容包括：

保护范围与建设控制地带的界划。应包括四至边界，各项具体管理和环境治理要求。

管理体制与经费。包括各级地方政府、行政部门和管理机构的相关职责。

根据规划内容制定保护管理内容及要求。其中应根据文物自身的开放容量为核算依据限定开放容量，容量的确定以不损害文物原状为前提，讲究科学，要经监测计算和实践过程检验修正。

奖励与处罚。包括保护范围和建设控制地带内对违章行为的处罚和对支持管理、加强保护行为的奖励。

对于旅游利用及文物其他利用方式的管理规定。

三、管理设施

管理办公用房设置在山西会馆东侧现居民房区域内，主要功能为日常办公用房、休息用房。

游客管理用房主要是一进院现有两座附属建筑以及两座倒座建筑，主要功能为售票、出入管理、旅游产品销售及管理人员生活等相关方面。

管理工作用房均设内、外部有线电话及网络宽带，所有展厅均设有内部有线电话，游客管理服务部门配备无线对讲机，在规划期内将于院落围墙处及出入口、重点展厅增设摄像监控设施，重要展品展示柜增设红外线报警装置。

第三节　日常管理

1. 文物保护单位多伦诺尔古建筑群的日常管理主要由多伦文物局负责。

2. 日常管理工作的主要内容有：

保证安全，及时消除隐患。

记录、收集相关资料，做好业务档案。

根据史料开展深入的学术研究工作。

开展日常宣传教育工作。

日常旅游管理工作。

3. 建立对自然灾害、文物本体与载体、环境以及开放容量等监测制度，积累数据，为保护措施提供科学依据。

4.做好经常性保养维护工作，及时化解文物所受到的外力侵害，对可能造成的损伤采取预防性措施。

5.延伸展陈内容，改进展陈手段，扩大展陈影响。

6.建立定期巡查制度，及时发现并排除不安全因素。

第四节　宣传教育计划

一、宣传教育目的

规划涉及保护对象位于古镇地带，见证了该地区自清代乾隆二年以来近3个世纪的兴衰历变，是本地区近3个世纪历史信息的重要承载者，与城市的发展以及市民的生活密切相关，必须加强对于文物保护的宣传与教育，使文物保护的概念和具体要求深入市民的思想意识，尽量降低日常生活对保护对象的损害。同时，宣传教育计划也应起到将保护对象的历史信息及各项价值真实、充分地展现给公众的作用。

二、宣传教育的主要对象及目标

针对所在地各级政府、机关单位各级领导，明确文物保护的意义、原则及与城市发展建设的关系。从而使保护工作能够持续地得到各级政府及各部门的支持。

针对文物保护主管部门，明确文物保护的意义、原则与各环节工作，从而保障文物保护工作的顺利进行。

针对广大市民及外来人员，加强保护意识及行为要求的宣传工作，确保在对保护对象的使用中不对其造成破坏；通过多种手段展示和宣传文物古迹的历史信息和价值，使人们通过本区域的文物遗存能够尽可能深入、全面地认识、了解这一全国重点文物保护单位的历史和人文积淀。

关注当地市民的切身利益，加强对地方市民关于文物保护和景区发展建设的宣传教育，保证保护工作、旅游发展与居民生活协调进行。

三、宣传教育的手段

对于政府各级领导及居民的宣传教育应纳入政府各级管理制度要求中，并通过展览、科普讲座、各种媒体等形式进行深化。

对于从事文物管理部门的员工应组织专业知识培训。

为文物设立的说明牌等设施应起到强化文物保护意识的作用，建立醒目的标识系统，更加有效地进行宣传和教育。

第六章　研究规划

第一节　专项研究

多伦诺尔古建筑群目前相关研究领域还较为狭窄，研究基础还较为薄弱，还没有更新的研究成果，未建立专门的研究机构。

建议设置专门的研究机构。研究方向以清代多伦"康熙会盟"时期的经济制度、清代多伦的宗教、经济、政治文化、清代多伦古镇建筑文化历史为主，在研究的深入中还要结合管理规划的队伍建设，设立专项研究课题，加强研究。

一、历史研究

在现有调查和历史文献研究的基础上，积极组织和鼓励研究人员参加，充分发掘、整理和揭示古建筑群的历史价值和内涵。及时出版相关研究成果。

二、政治、经济、文化研究

发掘整理清代多伦地区的政治、经济、文化历史等重要资料，为进一步开展多伦诺尔古建筑群研究提供有力基础。

三、文物保护工程

针对古建筑群即将开展各项文物保护工程，设立文物保护工程专题，及时整理出版。

第二节　研究计划

在完善多伦诺尔古建筑群建设的基础上，充分考虑开展研究所需人员与相关设施，在管理用房中预留研究用房。

制订相关研究资料的收集与整理计划，合理规划工作目标及制订工作计划，落实资金与人员配备。

定期举办各种形式的研究会议及学术研讨会，发展和促进内蒙古多伦历史、经济制度、民族政策、民族建筑的研究交流，扩大多伦诺尔古建筑群的知名度。

及时编辑、出版相关资料及研究成果。

第七章 规划实施分期

第一节 分期依据

文物保护工作的方针与原则。

规划措施所针对的现状问题的严重性与紧迫性。

文物保护工作的程序。

地方发展计划及财政可行性。

第二节 分期实施内容

一、规划分期内容

保护工程：包括文物本体保护、文物建筑保护工程、石质文物保护工程、古树保护工程、附属配套建筑改造整治工程、日常检测和保养等项目。

展示工程：包括文物展陈设施的改造、陈列室的建设、游客信息服务中心的建设、传播网站的建设、游客服务设施的建设等项目。

环境整治：包括土地使用权的收回、村镇的改造和建设、排水改造、绿化植被、环境景观整治等项目。

基础设施：包括道路改造工程、基础管网设施工程、电力系统、消防系统、排水系统、安防系统的改造等项目。

学术研究：包括课题计划、人才培养、学术交流、出版计划、网站建设等项目。

其他相关规划和配套建设工程，包括办公区的改造、道路整治、停车场建设、游客服务中心的规划设计等。

各期实施重点工程可根据工程进展和发展需求调整。

二、近期（2011年—2015年底）实施要点及主要内容

1.公布保护区划，落实保护范围边界，落实建设管理要求。

2.统一保护范围内的管理使用权，收回城隍庙、清代商号保护范围内的建筑及院落，由多伦文物局统一管理。

3.实施文物建筑保护修缮工程，修缮多伦诺尔古建筑群九处文保单位的文物建筑。

4.实施消防、防雷、安防等灾害防治工程。

5.随同修缮工程完善文物档案记录工作，收集整理历史文献及实物遗存，开展相关的课题研究。

6.开展针对多伦诺尔古建筑群建设控制地带的用地性质调整、道路改造和街区风貌治理工程。

7.开展多伦诺尔古建筑群的基础设施改造建设。

8.开展建设控制地带的建筑改造工程。

9.开展多伦诺尔古建筑群区域周边绿化美化工作。

10.调整并完善多伦诺尔古建筑群展示系统。

11.有计划地调整管理机构，并进行人员培训。

三、中期（2016年初—2020年底）实施要点及主要内容

1.完善多伦诺尔古建筑群基础设施建设。

2.搬迁山西会馆东侧居民建筑群，东院落现状居民建筑群位置建设展示空间。

3.收集整理多伦诺尔古建筑群的历史资料，完善多伦诺尔古建筑群的展示空间、文物存储空间和办公空间。

4.广泛收集民间散落的文物及有价值的建筑构件、石雕、砖雕、木雕等物品，丰富多伦诺尔古建筑群展陈资源。

5.逐步调整、完善多伦诺尔古建筑群展示系统。

6.进一步完善管理机构建设，提高人员素质。

7. 逐步发展文化旅游项目，完善多伦诺尔古建筑群相关旅游设施的建设与运营。

8. 控制、清除有损环境的污染源。

9. 完善多伦诺尔古建筑群区域绿化工程。

四、远期（2021年初—2031年底）实施要点及主要内容

1. 对多伦诺尔古建筑群主体建筑进行深入研究，对多伦诺尔古建筑群的历史关系进行研究，进一步丰富展陈内容，提高展陈技术手段。

2. 在历史资料收集完备的情况下，按照规划对多伦诺尔古建筑群进行恢复原貌工程。

3. 对多伦诺尔古建筑群建筑的长期保护和日常维护工程。

4. 持续检测多伦诺尔古建筑群的文物状况，在进行日常保养等相关工作的同时，根据需要进行各类修缮工程。

5. 搬迁多伦诺尔古建筑群监控地带内的周边建筑，为多伦诺尔古建筑群的环境氛围的营造创造更好的条件。

第八章　规划图

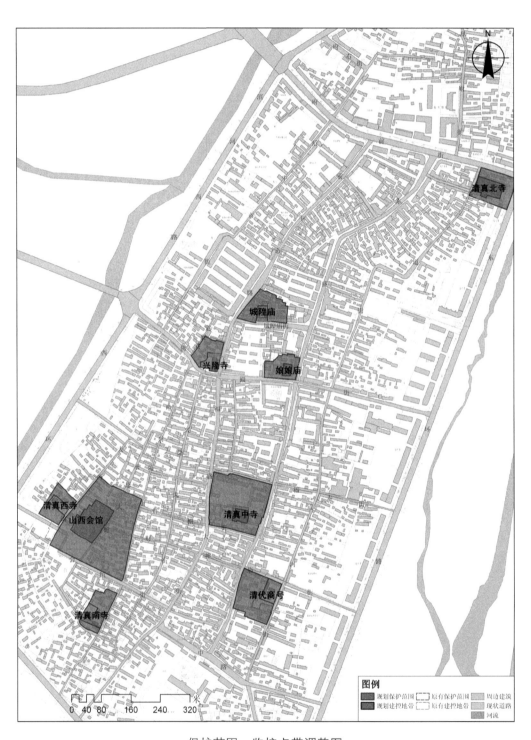

保护范围、监控点带调整图

保护范围、监控点带调整图——兴隆寺

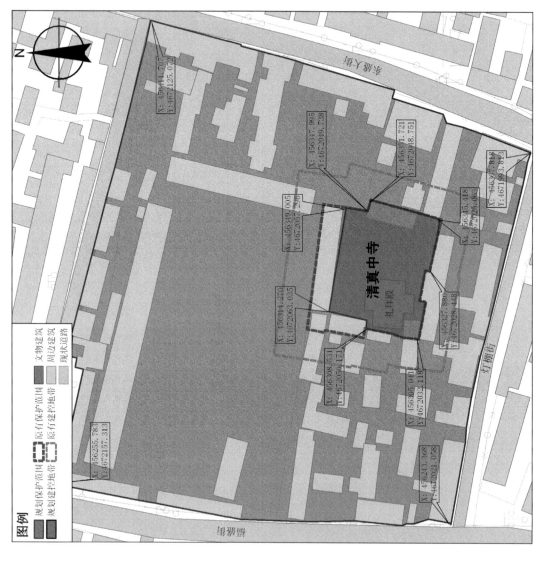

保护范围、监控点带调整图——清真中寺

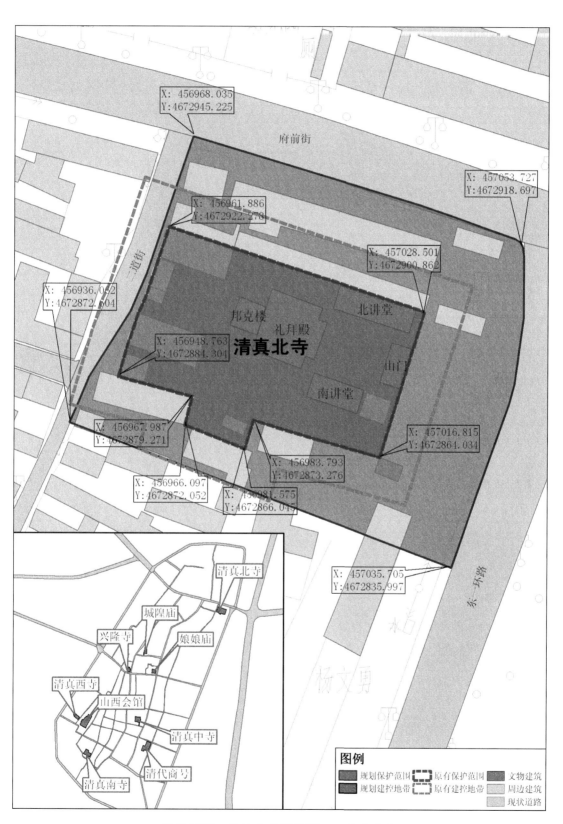

X: 456968.035
Y:4672945.225

府前街

X: 457053.727
Y:4672918.697

X: 456961.886
Y:4672922.278

X: 457028.501
Y:4672900.862

X: 456936.052
Y:4672872.604

邦克楼　北讲堂

礼拜殿

X: 456948.763
Y:4672884.304

清真北寺

山门

X: 457016.815
Y:4672864.034

南讲堂

X: 456967.987
Y:4672879.271

X: 456983.793
Y:4672873.276

X: 456966.097
Y:4672872.052

X: 456981.575
Y:4672866.045

X: 457035.705
Y:4672835.997

东一环路

保护范围、监控点带调整图——清真北寺

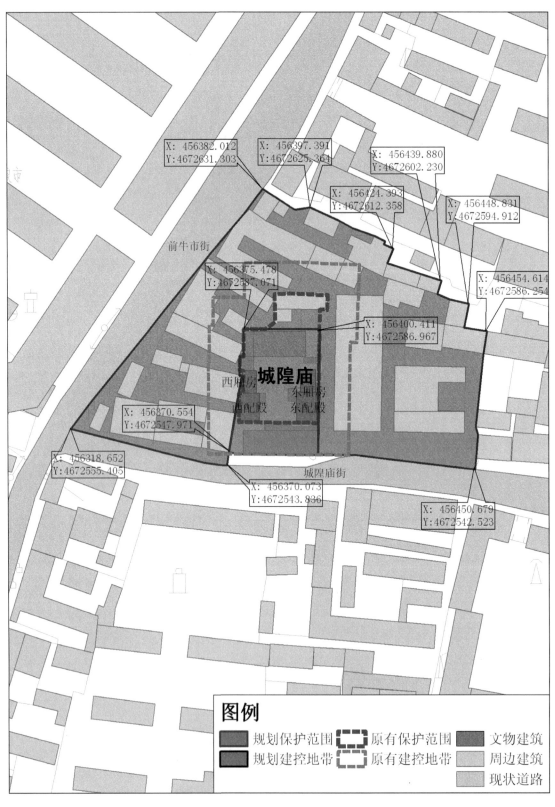

保护范围、监控点带调整图——城隍庙

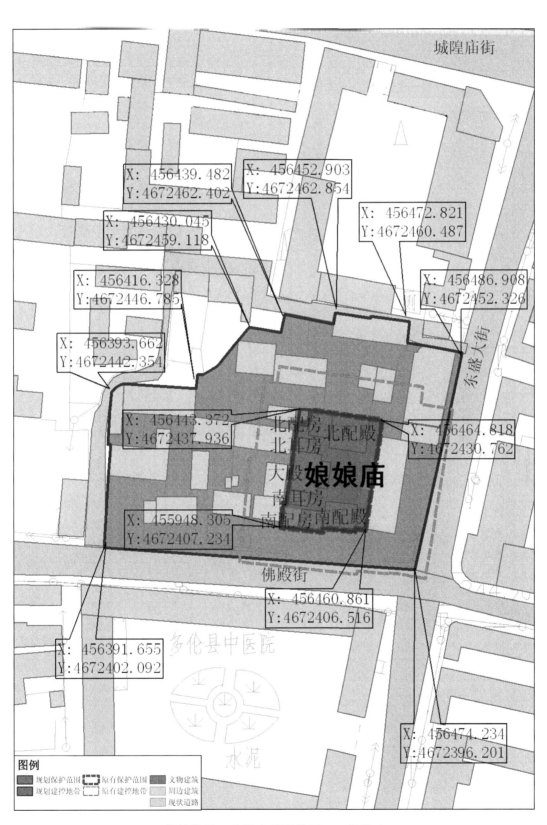

保护范围、监控点带调整图——娘娘庙

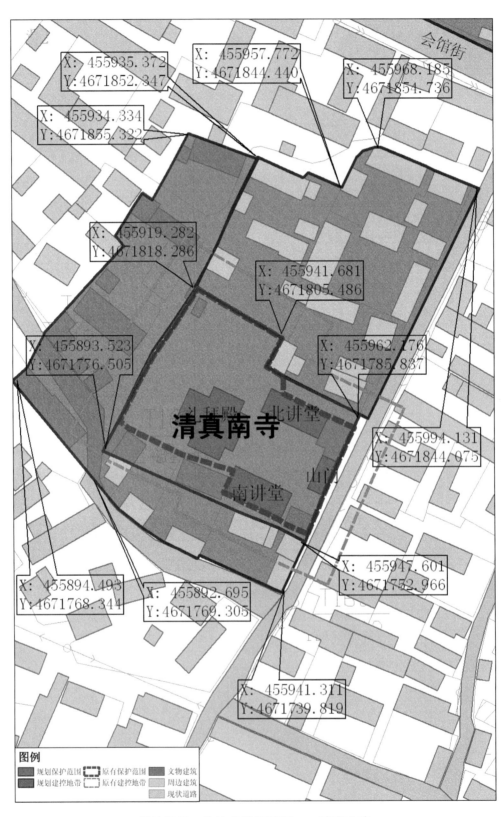

X: 455935.372
Y:4671852.347

X: 455957.772
Y:4671844.440

X: 455968.185
Y:4671854.736

X: 455934.334
Y:4671835.322

X: 455919.282
Y:4671818.286

X: 455941.681
Y:4671805.486

X: 455893.523
Y:4671776.505

X: 455962.176
Y:4671785.837

清真南寺

北讲堂

X: 455994.131
Y:4671844.075

南讲堂

X: 455947.601
Y:4671752.966

X: 455894.493
Y:4671768.344

X: 455892.695
Y:4671769.305

X: 455941.311
Y:4671739.819

会馆街

图例
规划保护范围　原有保护范围　文物建筑
规划建控地带　原有建控地带　周边建筑
现状道路

保护范围、监控点带调整图——清真南寺

264

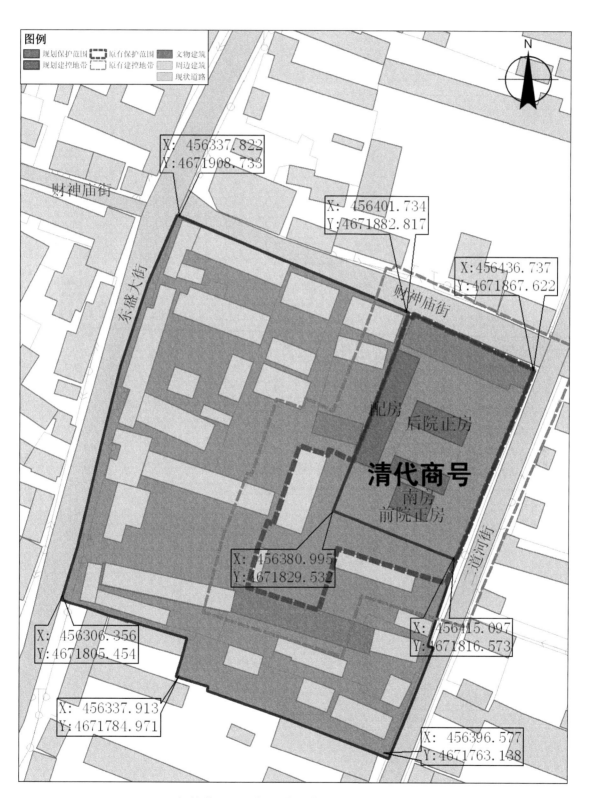

图例
规划保护范围　原有保护范围　文物建筑
规划建控地带　原有建控地带　周边建筑
　　　　　　　　　　　　　现状道路

X：456337.822
Y:4671908.733

X：456401.734
Y:4671882.817

X:456436.737
Y:4671867.622

财神庙街

财神庙街

东盛大街

配房　后院正房

清代商号

南房
前院正房

三道河街

X：456380.995
Y:4671829.532

X：456306.356
Y:4671805.454

X：456415.097
Y:4671816.573

X：456337.913
Y:4671784.971

X：456396.577
Y:4671763.138

保护范围、监控点带调整图——清代商号

保护范围、监控点带调整图——清真西寺、山西会馆

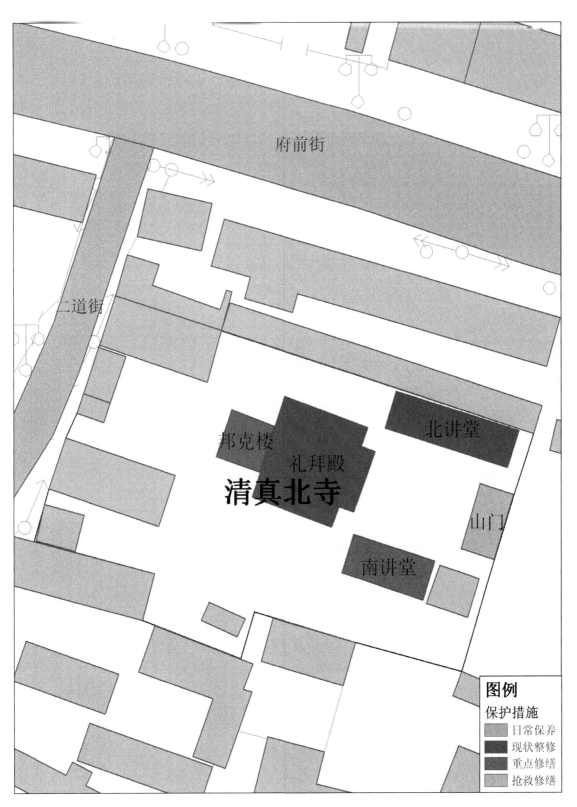

府前街

二道街

邦克楼

礼拜殿

清真北寺

北讲堂

山门

南讲堂

图例

保护措施

日常保养

现状整修

重点修缮

抢救修缮

文物建筑保护措施图——清真北寺

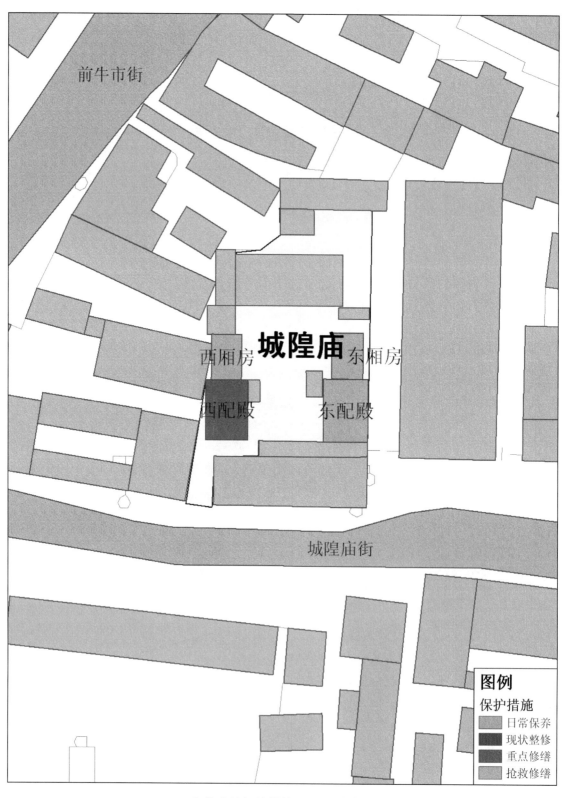

文物建筑保护措施图——城隍庙

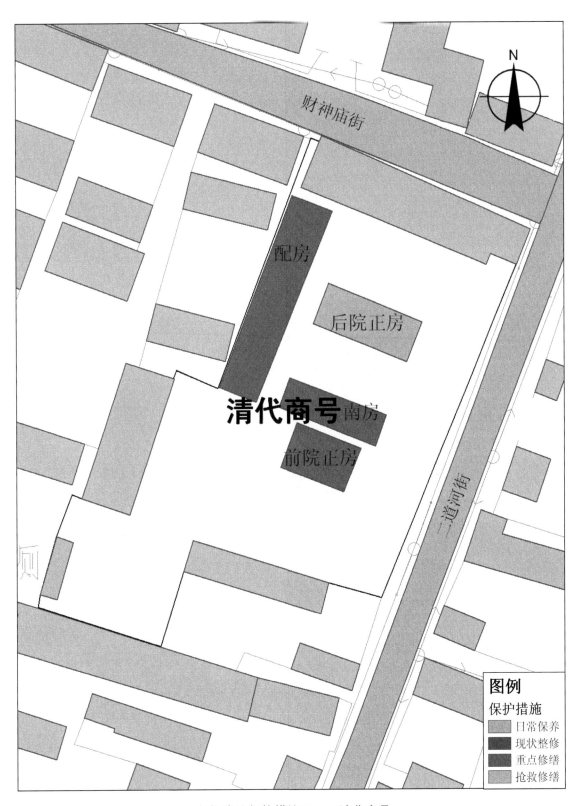

财神庙街

配房

后院正房

清代商号 南房

前院正房

三道河街

厕

图例

保护措施

日常保养
现状整修
重点修缮
抢救修缮

文物建筑保护措施图——清代商号

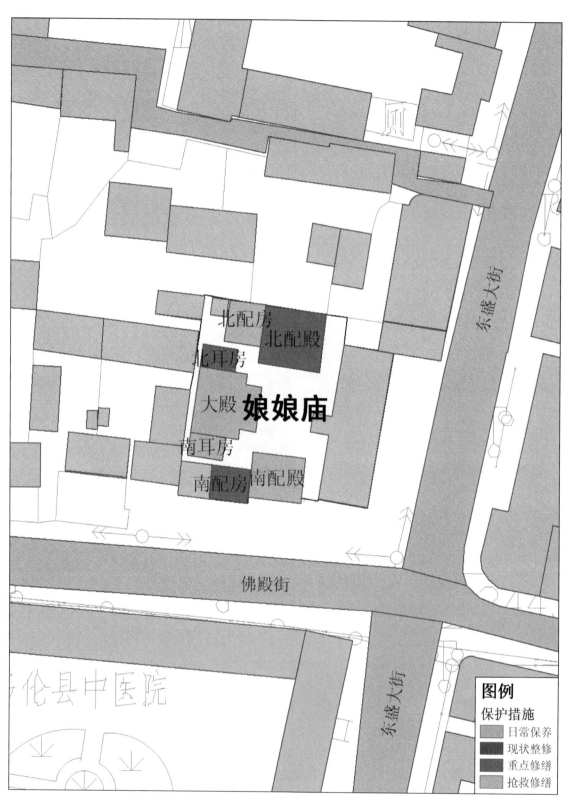

北配房

北配殿

北耳房

大殿 **娘娘庙**

南耳房

南配房 南配殿

东盛大街

佛殿街

东盛大街

多伦县中医院

图例

保护措施

日常保养

现状整修

重点修缮

抢救修缮

文物建筑保护措施图——娘娘庙

清真南寺

礼拜殿

北讲堂

南讲堂

山门

图例

保护措施

- 日常保养
- 现状整修
- 重点修缮
- 抢救修缮

文物建筑保护措施图——清真南寺

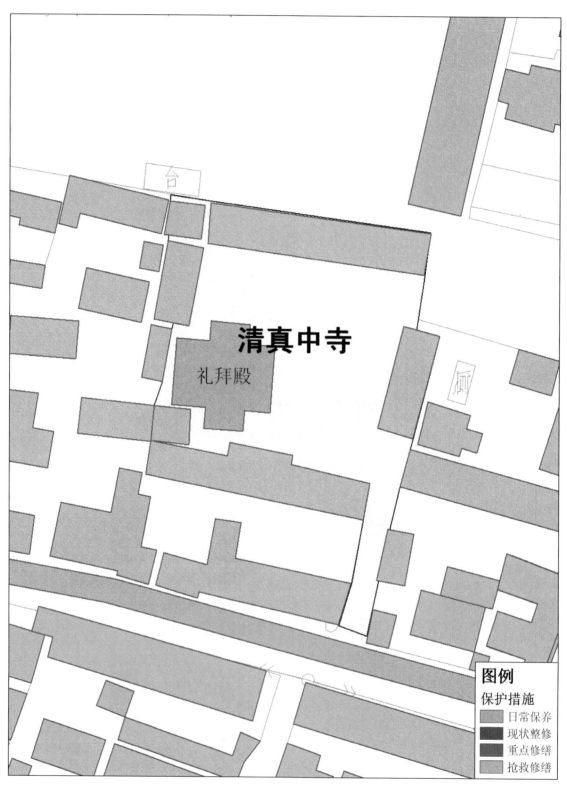

清真中寺

礼拜殿

图例

保护措施

日常保养
现状整修
重点修缮
抢救修缮

文物建筑保护措施图——清真中寺

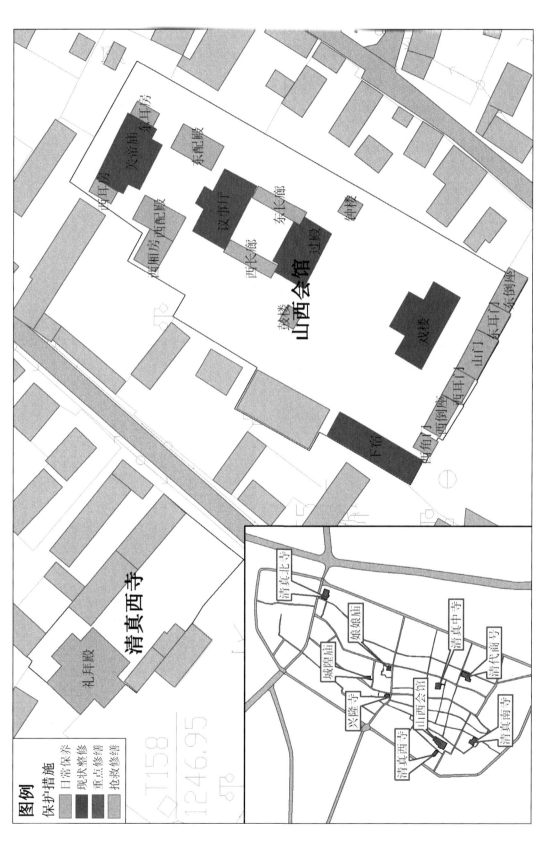

文物建筑保护措施图——清真西寺、山西会馆

图例
保护措施
日常保养
现状整修
重点修缮
抢救修缮

清真西寺

礼拜殿

山西会馆

教楼

东耳房

戏楼

过殿

钟楼

议事厅

东配殿

西配殿

西厢房西配殿

东长廊

西长廊

下宿

西角门

西倒座

西耳门

山门

东耳门

东倒座

清真北寺

娘娘庙

城隍庙

兴隆寺

清真西寺

山西会馆

清真中寺

清代商号

清真南寺

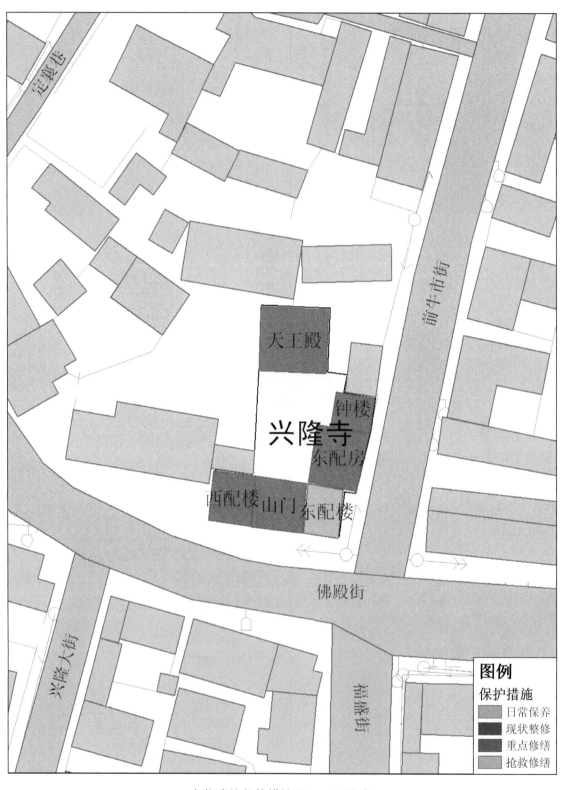

文物建筑保护措施图——兴隆寺

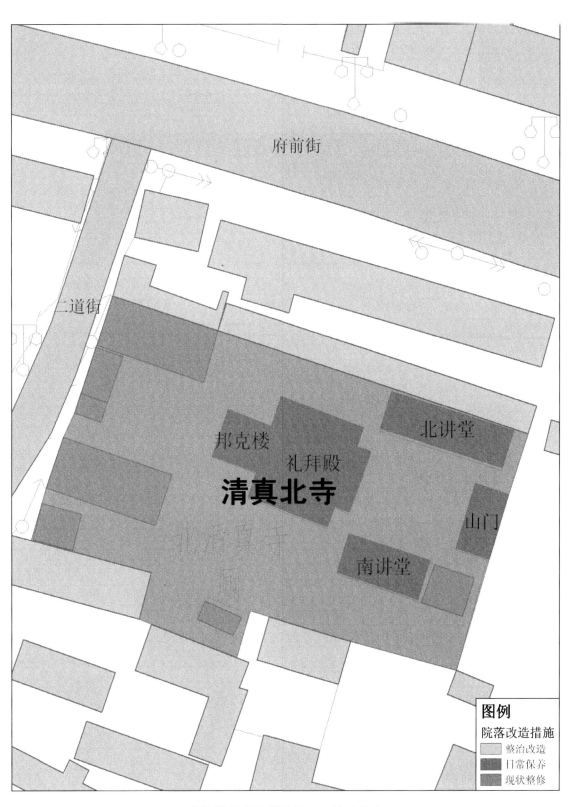

府前街

二道街

邦克楼

礼拜殿

清真北寺

北讲堂

山门

南讲堂

图例

院落改造措施

整治改造

日常保养

现状整修

文物院落保护措施图——清真北寺

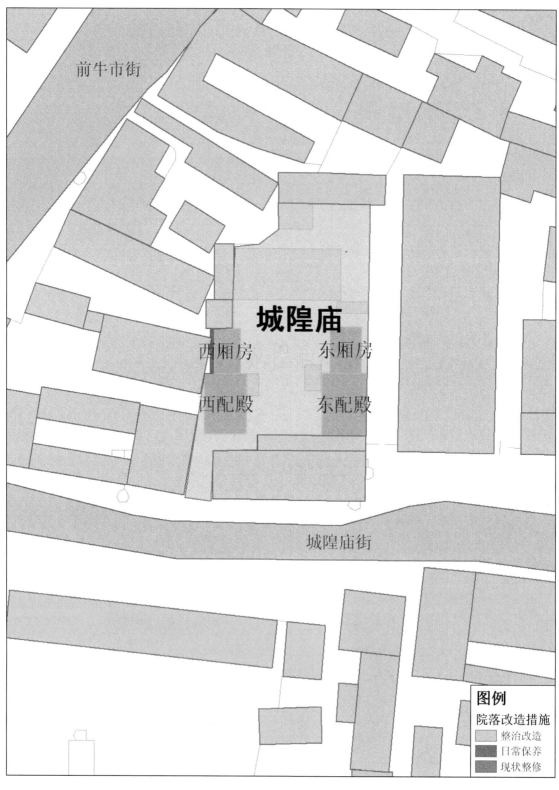

城隍庙

西厢房　　　东厢房

西配殿　　　东配殿

前牛市街

城隍庙街

图例

院落改造措施

整治改造
日常保养
现状整修

文物院落保护措施图——城隍庙

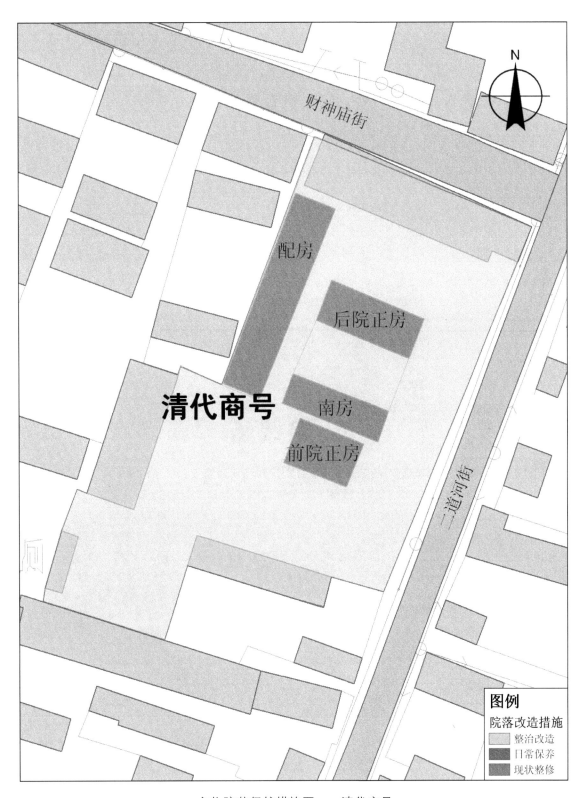

财神庙街

N

配房

后院正房

清代商号

南房

前院正房

二道河街

图例

院落改造措施

整治改造

日常保养

现状整修

文物院落保护措施图——清代商号

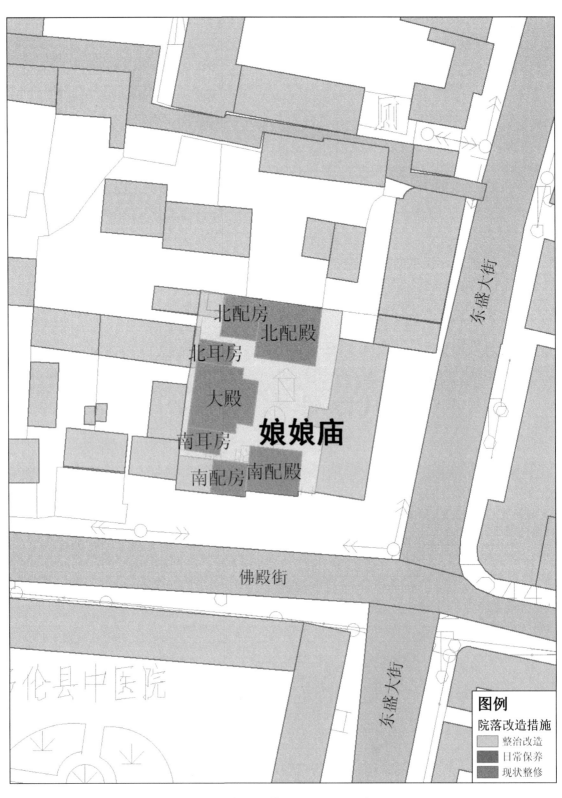

北配房
北配殿
北耳房
大殿
娘娘庙
南耳房
南配房 南配殿

东盛大街

佛殿街

东盛大街

多伦县中医院

图例

院落改造措施

整治改造
日常保养
现状整修

文物院落保护措施图——娘娘庙

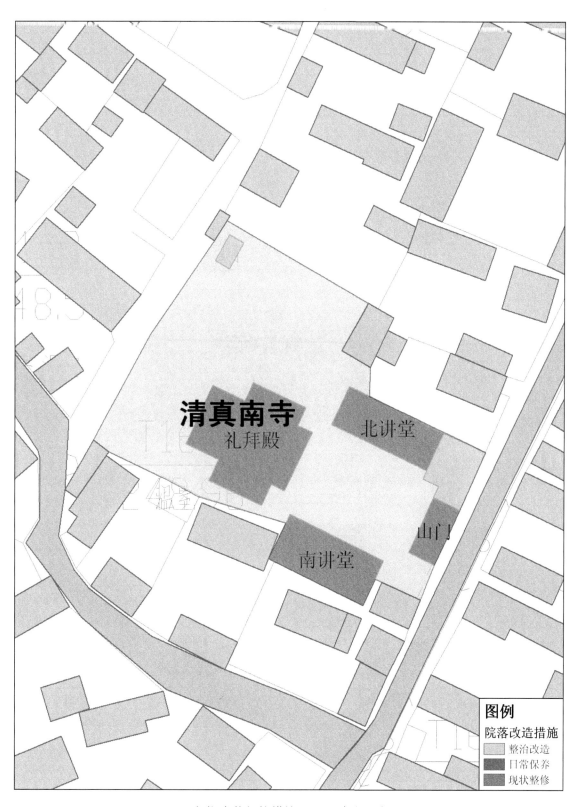

文物院落保护措施图——清真南寺

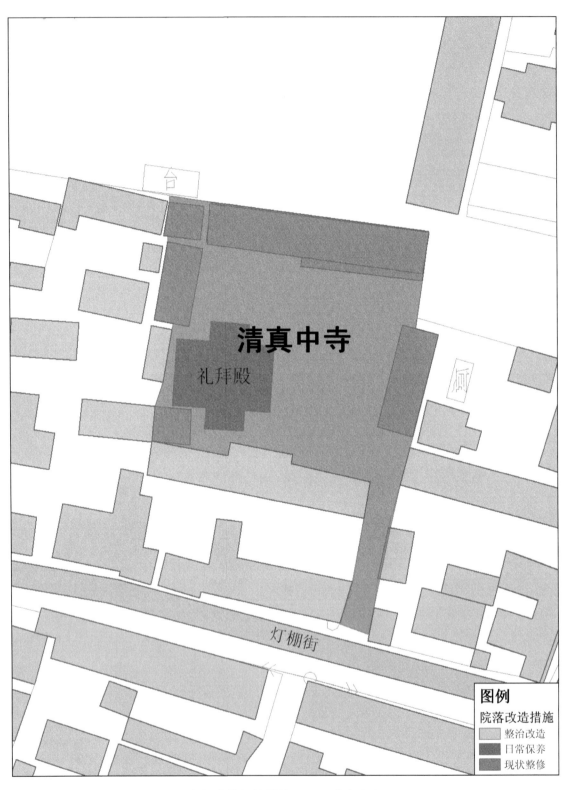

文物院落保护措施图——清真中寺

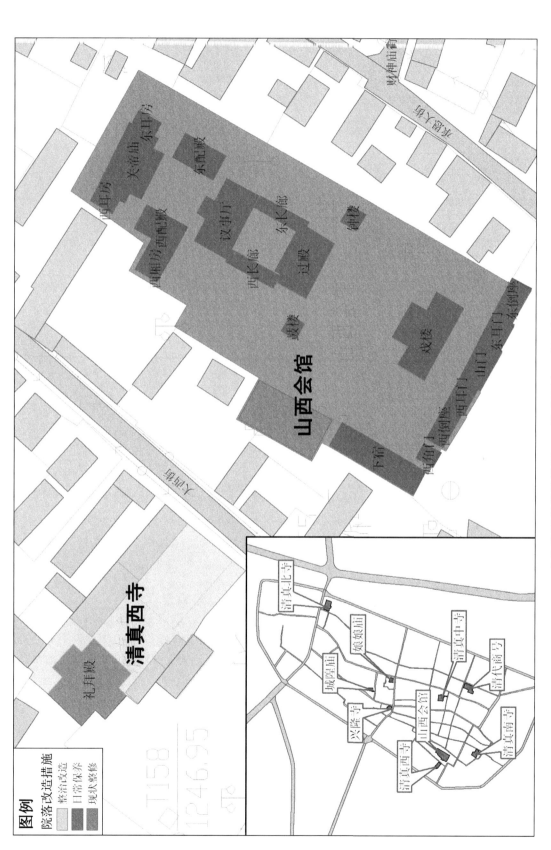

文物院落保护措施图——清真西寺、山西会馆

281

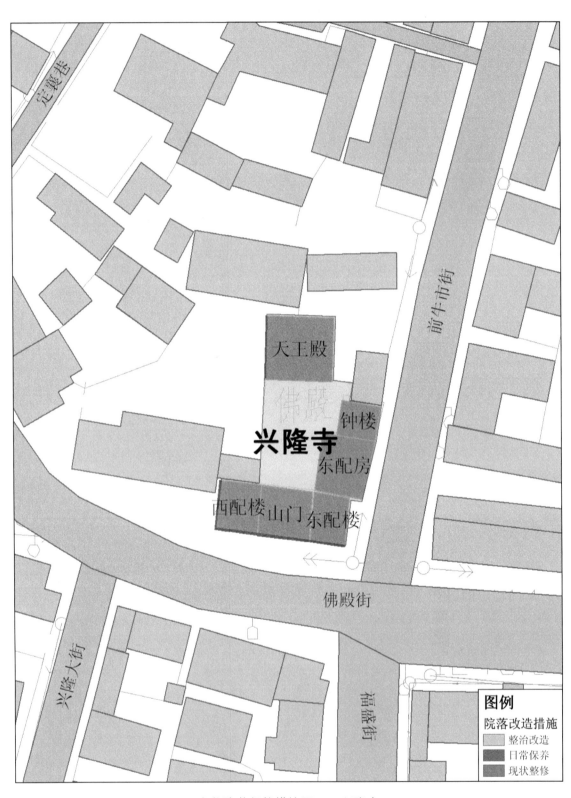

天王殿

佛殿

钟楼

兴隆寺

东配房

西配楼 山门 东配楼

定襄巷

前牛市街

佛殿街

兴隆大街

福盛街

图例

院落改造措施

整治改造

日常保养

现状整修

文物院落保护措施图——兴隆寺

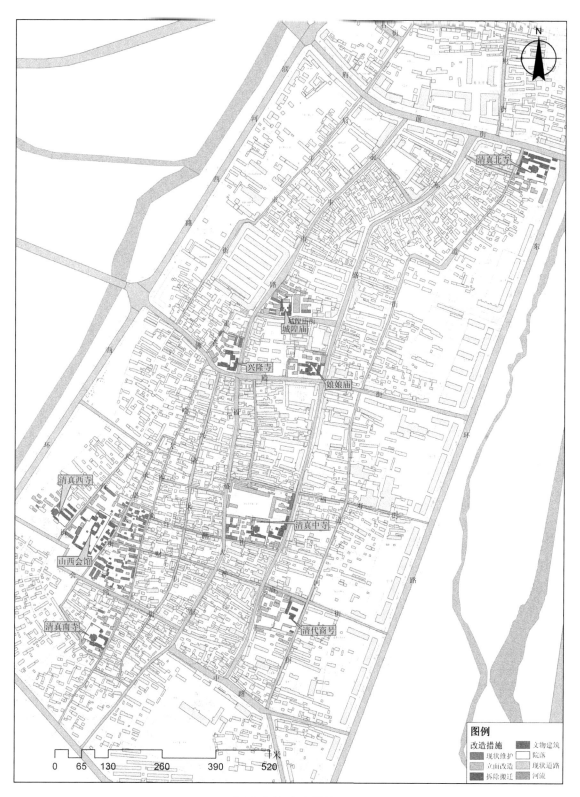

周边建筑改造措施图

周边道路规划建议图

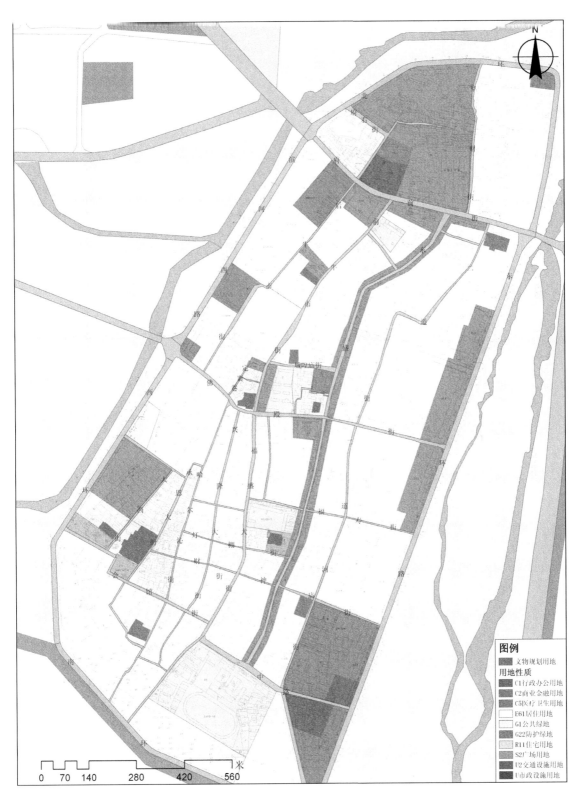

图例

文物规划用地

用地性质

C1行政办公用地

C2商业金融用地

C5医疗卫生用地

E61居住用地

G1公共绿地

G22防护绿地

R11住宅用地

S2广场用地

U2交通设施用地

U市政设施用地

0 70 140 280 420 560 米

用地性质调整图

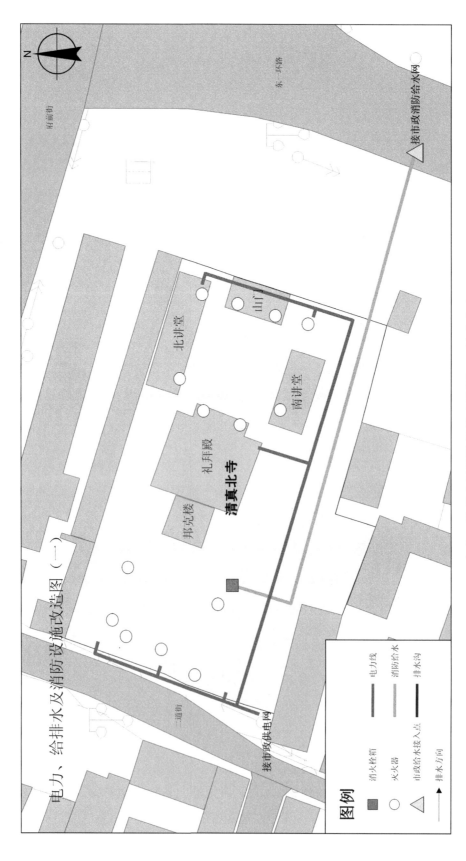

电力、给排水及消防设施改造图——清真北寺

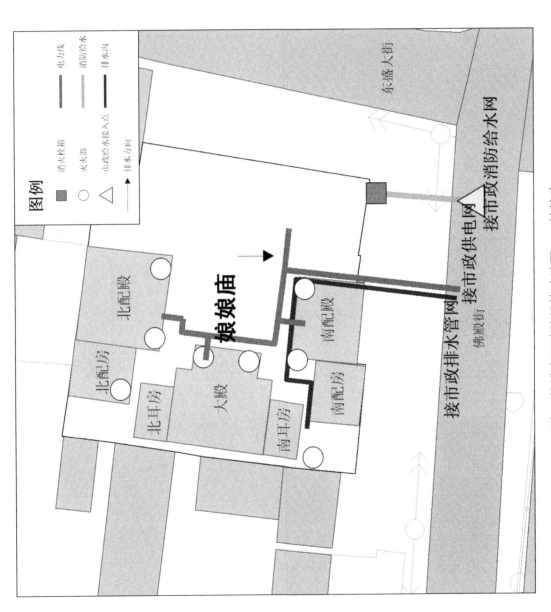

图例

消火栓箱 ■
水火器 ○
市政给水接入点 △

电力线 ——
消防给水 ——
排水沟 ——
排水方向 →

东盛大街

接市政消防给水网
接市政供电网
佛殿街

接市政排水管网

娘娘庙

北配殿
北配房
北耳房
大殿
南耳房
南配房
南配殿

电力、给排水及消防设施改造图——娘娘庙

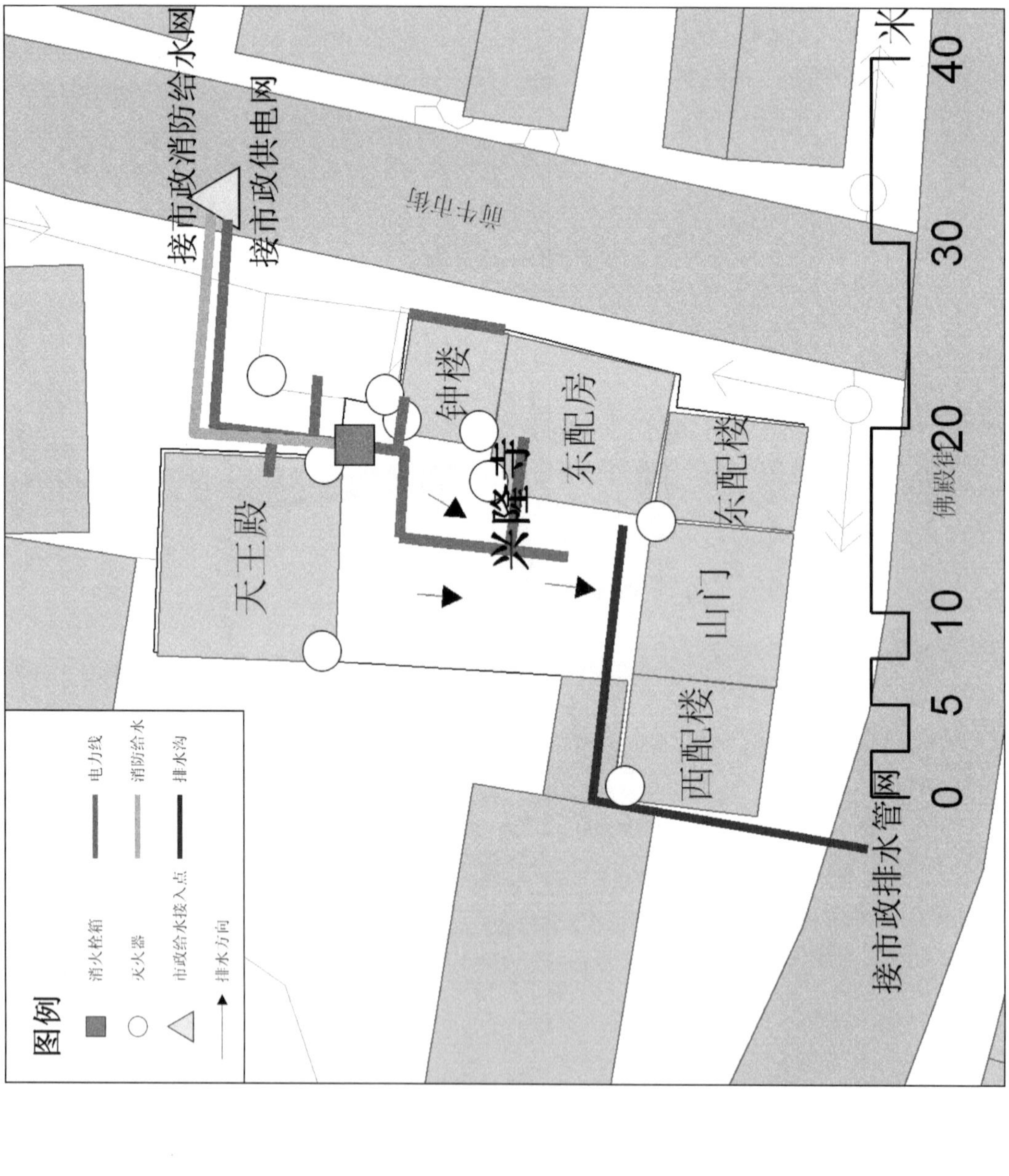

图例

■ 消火栓箱
○ 火火器
△ 市政给水接入点

—— 电力线
—— 消防给水
—— 排水沟
—→ 排水方向

接市政消防给水网
接市政供电网

天王殿

钟楼
东配房

兴隆寺

西配楼
山门
东配楼

接市政排水管网

0 5 10 20 30 40 米

佛殿街

电力、给排水及消防设施改造图——兴隆寺

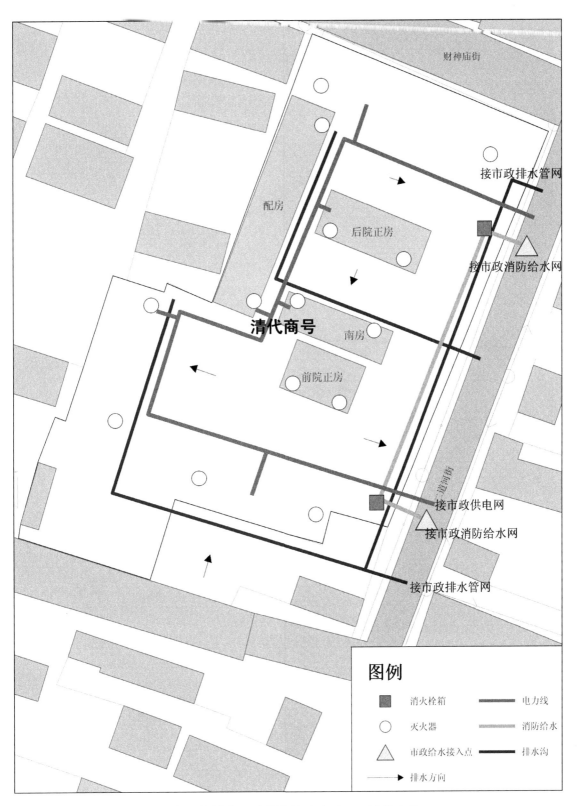

财神庙街

接市政排水管网

配房

后院正房

接市政消防给水网

清代商号

南房

前院正房

接市政供电网

接市政消防给水网

接市政排水管网

图例

■	消火栓箱	▬▬	电力线
○	灭火器	▬▬	消防给水
△	市政给水接入点	▬▬	排水沟
→	排水方向		

电力、给排水及消防设施改造图——清代商号

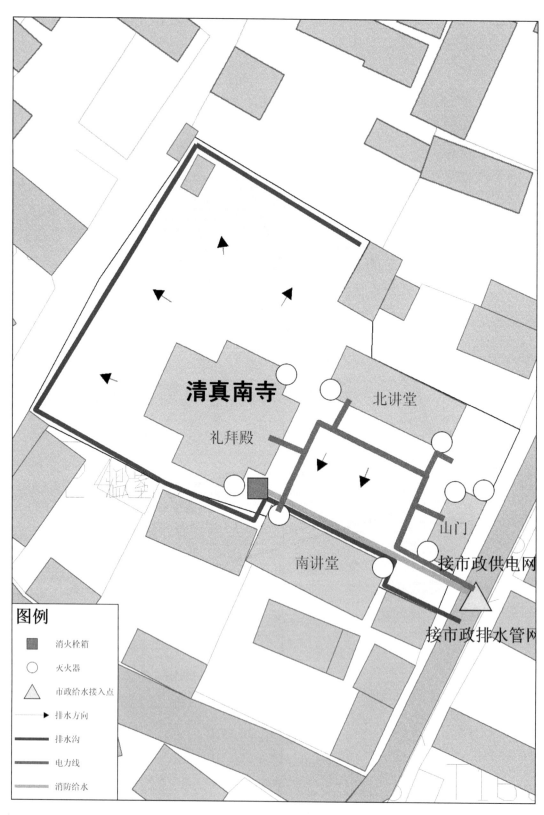

电力、给排水及消防设施改造图——清真南寺

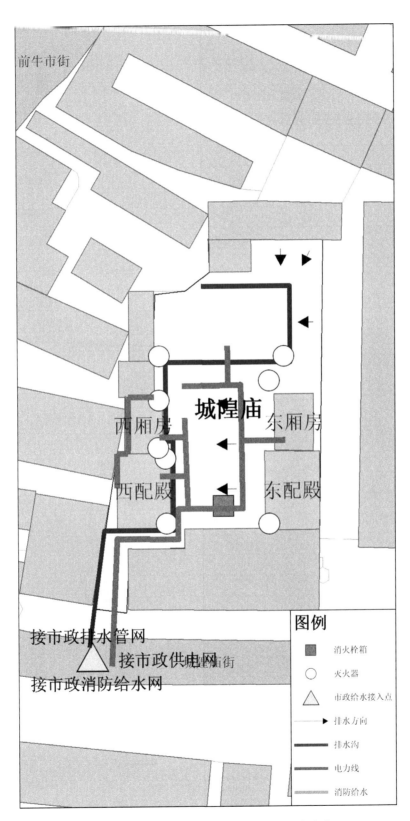

前牛市街

城隍庙

西厢房　　东厢房

西配殿　　东配殿

接市政排水管网
接市政供电网
接市政消防给水网

图例

消火栓箱

灭火器

市政给水接入点

排水方向

排水沟

电力线

消防给水

电力、给排水及消防设施改造图——城隍庙

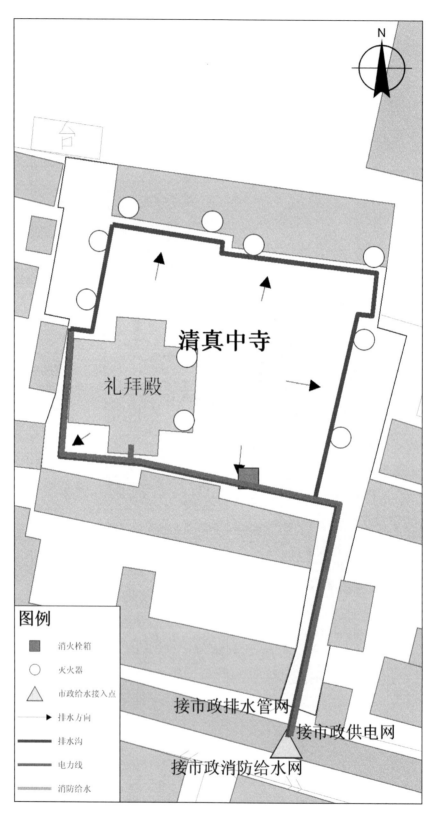

清真中寺

礼拜殿

图例

- ■ 消火栓箱
- ○ 灭火器
- △ 市政给水接入点
- → 排水方向
- —— 排水沟
- —— 电力线
- —— 消防给水

接市政排水管网

接市政供电网

接市政消防给水网

电力、给排水及消防设施改造图——清真中寺

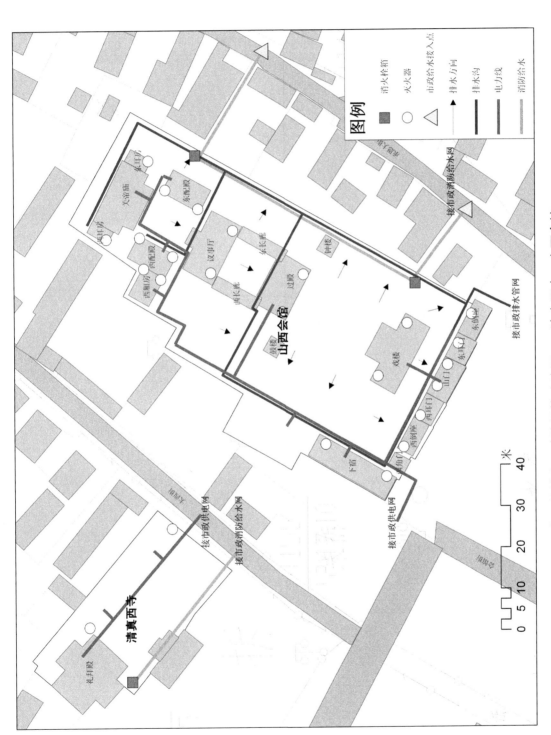

电力、给排水及消防设施改造图——清真西寺、山西会馆

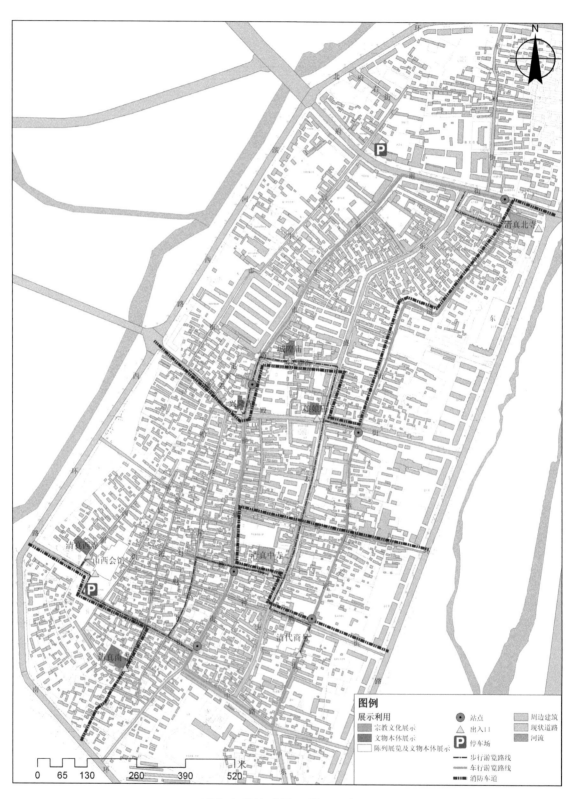

诺尔古建筑群展示利用示意图

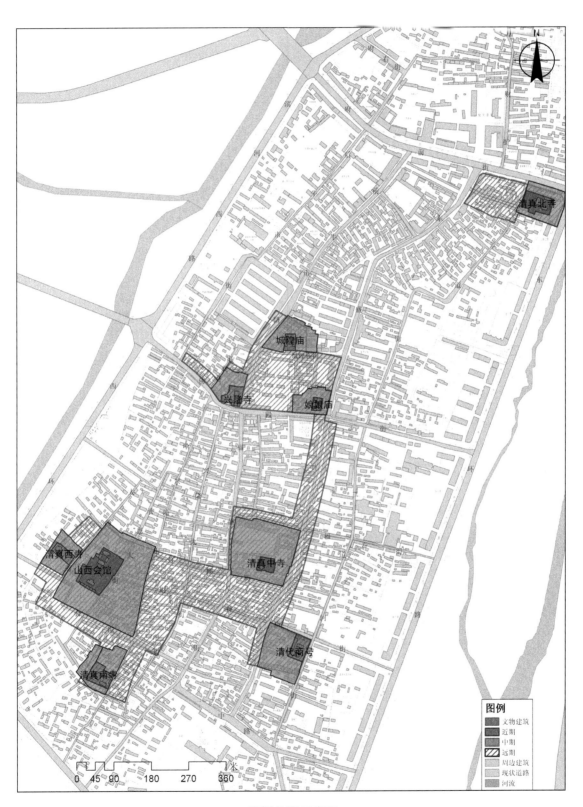

规划分期示意图

图例
- 文物建筑
- 近期
- 中期
- 远期
- 周边建筑
- 现状道路
- 河流

0　45　90　　180　　270　　360

后记

感谢内蒙古多伦县文物旅游部门提供的大力支持。

从 2010 年至 2011 年，多伦诺尔古建筑群总体保护规划项目历时两年多顺利完成。非常感谢在清华大学建筑设计研究院工作期间，吕舟教授提供多样化的保护实践项目。他一方面指导我们开展研究调查工作，另一方面也大胆放手地让我们研究团队独立去摸索，从问题出发，创造性地去解决问题。感谢一同参与本次项目研究和创作的魏青、郑宇、张荣、项瑾斐、刘煜、杨绪波、刘奇等同事。他们为本次项目成果获得广泛好评付出了辛勤劳动和专业智慧。

本书虽已付梓，但仍感有诸多不足之处。对于多伦地区的汉式古建筑的研究仍然需要长期细致认真的工作，需要继续努力开展相关研究。至此，再次感谢为本书出版给予帮助、支持的每一位领导、同事和朋友，感谢每一位读者，并期待大家的批评和建议。

朱宇华

2022 年 10 月